中公新書 2305

本川達雄著

生物多様性

「私」から考える進化・遺伝・生態系

中央公論新社刊

はじめに

二〇一〇年に名古屋でCOP10（生物多様性条約第10回締約国会議）が開かれました。その前後、生物多様性が大切だという講演をしてくれとの依頼を何度か受けたのです。私は生物学者ですが、生物多様性と特に関係の深い学問分野（保全生物学・生態学・分類学）が専門ではなく、ナマコの皮の硬さというきわめて特殊なことを研究している人間で、生物多様性については、まったくの素人。でもはたから見たら、食用にならないサンゴ礁のナマコなどというヘンな生物を研究しているのだから、多様な生物の話ができるに違いないと思われるようなのですね。たぶん「ヘン＝多様」という読み替えが可能なのでしょう。

生物多様性は守るべきだと、私は強く思っています。だから頼まれたら、これはやらざるを得ないと腹をくくって講演を引き受けました。でも、生物多様性のことはほとんど知りません。そこで巷に出ている関係書を山ほど読んで勉強しました。多様な生物の宝庫である熱帯の自然が破壊されて種《しゅ》の絶滅が進んでいるという事実はどの本にも書いてあるし、生態系サービスの大切さもわかったのですが、いくら読んでも、なぜ生物多様性を守るべきかが腑に落ちるように書いてある本に出会えなかったのです。不思議だなあ……。

「守るべき」とは価値の問題

そこで、はたと気がつきました。「守るべき」とは守る価値があるということ。これは価値の問題であり、科学は価値には口をつぐむものなのです。科学は事実を述べるのみ、価値は取り扱いません。でも、一般社会に向けて生物多様性を守りましょうと言う時には、生物多様性が失われていく現実を伝えるだけではなく、もう一歩踏み込んで、生物多様性は守る価値がある、守るべきなんだよとまで言わなければ、説得力のある話にはならないでしょう。

価値を扱う学問は倫理学です。それではというので、倫理学の本を小山くらい読んでみました(おかげで五十肩になり七転八倒の苦しみを味わいました。倫理学は体に悪い)。いろいろな立場の倫理学があるんだなあ、一言でこうすればいいとは言えないなあ、倫理学も多様なんだなあと痛感しました。

だからといって、口をつぐんでいればいいと放っておくのは、許されない事態になっていると思うのですね。そこで意を決し、まったくの素人ながら、なぜ生物多様性を守るべきなのかを考えてみました。

本書の構成

そこで、まず「生物はずっと続くことに至高の価値を置いているものだ」ということを大前提としました。それをもとに「私」とは何かを考え直してみたのです。つまり、自分の子供も「私」であるとして「私」の時間的範囲を広げ、また、私のパートナーも私の家も「私」だとして「私」の空間的範囲を広げました。そのような、広がった「私」がどうふるまえばよいのかを考えると、生物多様性は「私」にとって大きな価値があり守るのが自分の為になる、だから守るべきだという結論に達しました。

本書はこうして行った講演原稿が元になっています。前半は生物多様性について知っておかねばならないこと（多様性の減少という事実と生態系が私たちに与えてくれるサービス）をわかりやすく述べてあります。後半がなぜ多様性を守らねばならないかに関する、独断と偏見に満ちたユニークな議論。中程は後半につなげるための進化や遺伝に関する生物学の基礎知識というのが本書の構成です。

私の中の多様性

そもそも事実の世界から踏み出して価値を論じるなど、科学者としてお行儀の良いことではありません。現代は専門家（専門化）の時代です。生物学者は生物多様性に関する事実のみをきちんと研究する。それをもとにその価値を論じるのは環境倫理学者の仕事。おのれの分をきちんとわきまえるのが研究者の正しい姿勢です。餅は餅屋。

異なる専門家がいろいろいるのが多様性だということなのでしょうが、どうもこういう多様性の議論は間違っていると思うのですね。多様性の問題で抜け落ちている視点は、自分の中の多様性です。まずそれを大切にする姿勢がなかったら、自分の外側の多様性を大切にすることなどできないのではないかと私は思っています。だから、あえて生物学者である私が倫理にまで手を広げて自分に多様性を持たせようとしました。

素人が余計なことをしたらその道のプロから笑われるのが落ちであり、こんなあやういことはやらない方が身のためです。でも、生物学者の誰かが、生物学を基礎に生物多様性の価値を考えて、それを世に問う必要があると強く感じたのです。今回提示したものがたとえばかげていたとしても、生物学者として生物多様性の価値を論ずるのは大いに意味があるし、また自己の多様性を、身をもって示すことも大切だと思ったのです。

幸い私は昨春、大学を定年になりました。学会からも足を洗いました。バカなことを言っても「もうボケが始まりました」と言って許される年になったのだとサバサバしています。失うものは何もないと思えるのは、まことに結構ですね。私は、老いとは自分の中の多様性だと捉えています。現役時代にはやれなかったこんなあやういことを、この年になればやれるのだ、やる義務があるのだと、老いを積極的に位置づけたいと思っています。本書を、老いの心意気の本として受け入れていただければ幸甚です。

はじめに　i

序章　生物多様性を理解するのは難しい

本書は「生物多様性は大切です」という講演の原稿が元になっています。地方自治体や環境関係のNGOからの依頼で、「生物多様性が大切だということを話して欲しい。市民対象でお子さんも来るから、子どもにもわかるように」とのことでした。でもこれはとても難しい要求なのです。なぜなら生物多様性が減少していることを身近で実感できない上に、生物多様性の大切さを理解するのがきわめて困難だからです。大人でも難しいのに子どもにもとは……。

まず実感について。エネルギー問題なら東日本大震災で身に染みて感じられたでしょうし、温暖化も熱中症の続出する猛暑や集中豪雨で、やはり何かあるなと実感できるでしょう。でも生物多様性が減少していることは、どうにも実感が得られないのです。そもそも都会暮らしで、ペットや庭の草花以外、どれほどの生物たちと日頃付き合っているでしょうか。花屋に並んでいる鉢植えなど、知らないカタカナ名前がどんどん増えてきて、なんだか多様性が増大しているような気までしてきます。

実感できない上に、生物多様性の大切さがわかるには、それなりの生物学を学ばねばなりません。そもそも生物とはどのようなものなのかを理解しなければならないし、生物を取り巻く環境や、生物と環境の関わり合いである生態系の理解ももちろん必要です。遺伝子の理解もいります。遺伝子から生態系まで、さまざまなレベルの生物学を理解してはじめて生物多様性の大切さがわかるのであり、これはけっこう大変な作業です。

さらにその先の困難があります。生物多様性の大切さがわかったからと言って、では生物多様性を守るために何か自分で行動を起こせるかというと、なかなかそうはいきません。なぜなら、生物多様性を守るべきだという価値観が、受け入れやすいものではないからです。これは日頃親しんでいる価値観とはずいぶん異なっており、そう簡単に受け入れられるものではありません。さらに価値の問題には、科学は口をはさむことができないため、科学に裏付けされていないからという理由で、現代人が行動を起こしにくいという問題点も加わってきます。というわけで、この問題は実感するのが困難で、さらに理解するのが困難、その上に価値観の問題までもが関わってきて、とんでもなく難しいものになっているのです。

たくさんの環境と、さらにたくさんの生物

地球上には、イヌとかネコとかヒトとか、異なる種《しゅ》が、なんと約一九〇万種も存在しています。うちわけを見ると（図1‐1）、植物より動物が圧倒的に多く、高等植物一種あたり一〇〜三〇種の動物がいる計算になります。動物の中でも圧倒的に多いのは昆虫で、動物のなんと四分の三を昆虫が占めています。この一九〇万という種の数は、現在までに学問的に記載され

たものだけの数であり、未発見のものが実際にはこの一〇倍以上は存在する、本当は三〇〇〇万種かそれ以上の種がいるはずだ、などと大雑把に見積もられています。

まずここのところで、もうつまずいてしまうでしょうね。つまずくところは二ヶ所。①数のあいまいなところと、②なんでそんなにたくさんの種がいなけりゃならないの、そんなに多いのなら少しくらい減ったって問題ないんじゃないのという疑問。

まずは数があいまいな点。そもそもこれは地球上にいる生物の話です。他の星ならいざ知らず、この宇宙時代に、地球にいる生物の数すらわからないのかというのは、もっともな疑問でしょう。

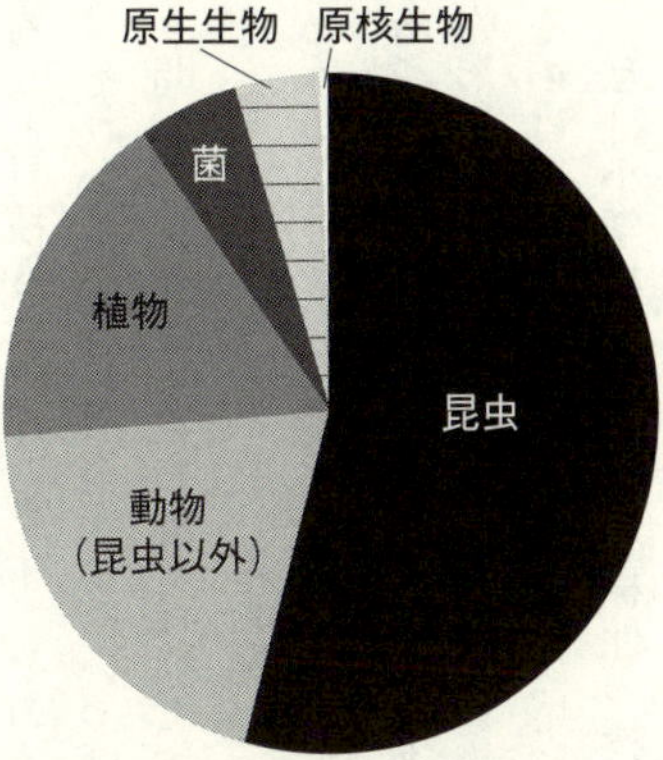

図１－１　種の数

ここはもう少し詳しく言わなければいけないところです。私たちが動物と言って思い浮かべるのは哺乳類や鳥類などですが、それらは既にほぼ一〇〇パーセントわかっています（だから「ヤンバルクイナ発見！」は大ニュースになったのです）。陸上植物も八割はわかっています。ところが昆虫や細菌となると、わかっているのは全体のたった一割程度、さらに線虫という土の中でうごめいている虫（カイチュウはこの仲間）にいたっては、ほんの数パーセントしかわかっていないだろうと見積もられています。そのくらい生物は未知の世界なのですね。

それから「なんでこんなにいっぱいいるんだ、そんなにいる必要があるんだろうか？」という問い。これももっともな疑問です。これにはこれからおいおい答えていくことにしますが、そもそもそんなにたくさんの種がいたら付き合いきれないし、数を聞いただけで、覚え切れるわけがないとうんざりしてしまいませんか。ここが生物学の悩ましいところなのです。小学校から高校まで、学校で必ず生物の授業があるのですが、この分野は覚えることが多く、嫌いになってしまう人が、かなりの数、出てきてしまいます。生物多様性について語るという作業は、そのはじめからネガティヴな反応に会いやすいのですね。

私は小学校でも生物多様性の授業を行うことがあります。「生物は、いっぱいいすぎて嫌い！」なんてこと言わずに、いっぱいいなかったらどうだろうかと考えてごらんよ、つまらないよ、という歌を作りました。私は「歌う生物学者」を自称しており、講演会でも随処に歌をはさみながらやりました。そうやってなんとか子どもに（そして大人にも）興味を保たせようと苦労したのです。本書はその講演が元になったもの。それを再現すべくあちこちに歌を入れたいところですが、ぐっとがまんして、ここでまず一曲「♪生きものいっぱい豊かな地球」、そして巻末にも一曲、歌を載せることにします。

この歌は「生物は多様だ、いろんなものがいっぱいいる。それが豊かということであり、単に物の量が多いだけが豊かなのではない。本当に豊かだと感じられるようになるには、質の違い（＝多様性）が大切なのだ。多様だからこそ多様な刺激を眼にも耳にも舌にも鼻にも受けられる。多様な食物を味わえ、さまざまに美しい花や鳥の歌を楽しむことができる。覚えるのが大変だって？　そこを嫌だなんて言わずに、覚えるのが大変なほどいっぱい色んなもののいる豊かな地球にぼくらは住んでいると捉えるべきだ。ふうふう言いながら覚える作業は、豊かさを身をもって感じる作業なのだと思えばいい。そもそも覚えるのを嫌がっていたら、自分自身のすごさだってわからなくなるだろう。生物を勉強していると、視床下部だ、洞房結節だ、細尿管だと体の中の部分や器官の名前がいっぱい出てくるし、ホルモンの名前ときたら、チロキシン、インスリン、グルカゴンと、カタカナ名前のオンパレード、本当に嫌になる。でもこれほど多数のホルモンで精緻に制御されている器官群を持っているからこそ、これだけいろいろなことができる。ぼくらの体はものすごく高機能で複雑で高級なのだ。だからその仕組みや構造を覚えるのが難しくなるわけだ。人間って、生物って、すごいなあと、覚えにくさを通して実感すればよい。勉強すればするほど、自分のすごさや地球の豊かさをどんどん実感できるようになる。お金をかせぐだけが豊かさへの道ではない。学ぶことは豊かさへの道なのだ！」というメッセージを子どもたちに伝えたくて作りました。そして本書を書いたのも、そこを伝えたかったからなのです。

♪生きものいっぱい豊かな地球

地球の上に　百九十万
いろんな生きもの
　いっぱい生きている
イヌタデ　ネコハギ
　ネズミノオ
ブタクサ　ウシクサ
　ヒツジグサ
スズメノエンドウ
スズメノテッポウ
スズメノカタビラ
　カラスウリ
地球の上に　百九十万
違った名前の
　生きもの生きている
こんなにいっぱい
　名前があったら
おぼえてなんかは
　いられない
めんどうくさいな
　やになっちゃうな
どうしてこんなに
　いるんだろう

地球の上に　たったの一種類
クサという名の
　草しかなかったら
クサクサクサクサ
　みんなクサ
どこまで行っても
　クサばかり
おぼえる苦労はないけれど
なんだかさみしい
　あじけない
地球の上に　百九十万
違った生きもの
　みな違った名前
いくら数が多くても
同じ種類だけならば
　豊かとは言えぬ
多様な生きものと
一緒に暮らすから
世界はにぎやかで
　こんなに豊か

生きものいっぱい豊かな地球

作詞作曲：本川達雄

私と同じ個体は他にはいない

生物は多様です。多様とは、いろいろ異なったものがいるということです。イヌ・ネコ・ネズミ……と違った種が、なんと一九〇万もいるのです。種が違えば異なっているのは当然ですが、違いはそれだけではありません。同じヒトという種の中にも、個人差・男女差・大人と子ども・人種の違いなど、さまざまな多様さが見られます。さらに、同じ親から生まれた兄弟や姉妹の間でも、きわめてよく似てはいるのですが、それなりの違いが見られます。結局、生物の個体というものは、他の個体と異なっているのが原則なのです。

地球上に、この私とまったく同じヒトはいません。過去にも未来にもいないでしょう（第七章二〇九ページ）。これはすごいことです。私は唯一、かけがえのない一人なのです。そしてそこらあたりにいる生物たちもみな、かけがえのない一匹なのです。だからこそ、異なった一人ひとり一匹一ぴきを大切にしなければなりません。まずこのことを確認しておきたいのです。

多様な環境に適応するために

このように、生物においては、兄弟の間でも、同種の中でも、そしてもちろん異種の間でも、どれをとっても多様性が見られます。多様なものそれぞれの中に、さらに多様なものが入れ子になっています。そうだからこそ生物の多様性がものすごく高くなるのです。では、なぜそんなに多様性が高いのでしょうか？

各生物は自己の生きているそれぞれの環境に適応するものです。そして環境は多様です。多様な環境に適応して生物の方も多様になりました。適応とは、生物が、生存と繁殖に適した形態や生活様式をもっていることを言います。言い換えれば、その環境に適応しているとは、その環境において生き残って子孫をたくさん増やせるということです。

環境はさまざまです。地球には熱帯から寒帯まで、いろいろな温度環境がありますし、生物が生きていくには水が必要ですが、水環境も、極端に乾燥した砂漠から、まわりが水だらけの湖や海までさまざまです。

一本の木だって多様な環境を提供します。根っこのまわり、幹のなか、葉っぱの上では、環境が異なります。葉と言っても、梢の先端の葉と根元の葉では環境は違うでしょう。葉の表と裏でも大違いです。木は丈が高く枝も茂り、さまざまな生息環境を動物に提供します。葉が茂っているので隠れやすく、幹の中に潜り込んで隠れることもできます。安全な住みかとなるのです。そして木は長命ですから住みかとして安定しています。つまり木は安全で安定したたくさんの住みかを提供してくれるのですが、その上、葉、果実、蜜、花粉、樹液と、さまざまな形の食物をも提供してくれます。そこで一本の木には多くの動物が住むことになり、だからこそ植物の種数より動物の種数がずっと多くなるのです。一本の木でもそうなのです。木にはさまざまな種類がありますから、それらを利用する動物ものすごくたくさん出てくることになります。

もちろん環境がいろいろあると言っても、どの環境にも生物が住めるわけではありません。水がまったくなければ生物は住めませんし、極端に高い温度や低い温度環境にも住めません。生物が利用できる環境は限られています。環境の種類に限りがあるなら、それらに適応した生物の種の数にも限りが出てくるだろうということになりそうですが、そう簡単にいかないところが生物の生物たるところです。

環境さえつくり出す

生物は、生息可能な場所を拡大してきた歴史をもっています。その代表例が生物の陸上への進出でしょう。生物はもともと海にだけ住んでいました。陸に住めなかった理由の一つは水です。生物の体は大量の水を含んでいるのですが、陸上では水を手に入れるのが難しい上に、(まわりが乾いた空気ですから) 体からどんどん水分が空中へと失われて、すぐに干からびてしまい、陸上では生きていけなかったのです。もう一つの理由は強い紫外線です。紫外線は殺菌灯に使われることからもわかるように、きわめて有害です。遺伝物質であるDNAが紫外線で傷つくのです。ところがシアノバクテリア (ラン藻) が海中でさかんに光合成して酸素を放出したことにより、大気中にオゾンの層が形成され、それが紫外線を吸収してくれるようになりました。つまり生物の活動により環境が変化し、陸上も生息可能な環境に組み入れられたことになります。そして、乾燥しにくい体を進化させた生物たちが上陸してきました。おかげで今見るような多様な陸上の生物たちの世界が展開されてきたのです（詳しくは第四章）。生物は環境をも変えてさまざまな生息可能な環境をつくり出し、その新しくできた環境に適応した新たな種を進化させることにより、生物多様性を高めてきました。生物は進化の歴史をもっており、その中でどんどん多様性が高まっていったのです。

歴史性・ご当地主義 vs.科学という普遍主義

生物には歴史があります。そして生物多様性にも歴史があります。人間の歴史でもそうですが、歴史は同じことが繰り返されない一回きりのできごとの連続です。大絶滅が起こった後、絶滅した種が復活したわけではありません。だから将来また巨大隕石が来ても、以前とまったく同じことは起こりはしないでしょう。一回きりとは、かけがえがないことを意味しています。

生物はまた「ご当地主義」です。多くの種は、きわめて狭い地域に分布が限られており、他の場所には住んでいません。そこ以外には住んでいないということは、そこがだめになったらもう代わりがないのですから、その生物にとってのご当地はかけがえのないものです。地球上のほとんどの場所が、そこに住む生物たちにとってのご当地です。だから、すべての場所がかけがえのない場所だということになりますね。このように生物とは、一回きり・その地域限定であり、二重にかけがえのないとても大切なものなのです。

一回きり・地域限定は科学にならない

ところが科学において、ここのところが問題となるのですね。科学とはいつでもどこでも繰り返し起こる普遍的なことを取り扱います。法則性が発見できるとはそういうことです。歴史の上で一回しか起こらなかったことや、ある特定の場所でしか起こらないことは普遍的ではない特殊なことであり、科学的には無価値なものとして取り扱われます。生物は繰り返しのきかない歴史の中に住んでおり、その土地だけに住み、他のものとは違った存在です。だからかけがえがなく、きわめて大切なのだと主張したいのですが、この主張は科学の世界ではなかなか受け入れてもらえません。ここで言う科学とは、物理学を典型とする科学のことで、それが世間での、そしてほとんどの科学者の科学というもののイメージです。各生物に歴史があり、特定の場所にしか住まないからこそ生物多様性が出てきます。でもそういう生物多様性とは、科学とはきわめて相性の悪いものなのです。世は科学的に考える時代。そういう時代だからこそ、生物多様性の大切さを理解することが困難になるのです。

以前に宇宙関係の学会でこんな主張を聞いたことがあります。「生物学は地球という限られた場所に住んでいるものだけを取り扱っている。そういうものには普遍性がない。宇宙に生物がいることを証明してはじめて生物学も普遍的なもの、つまり真の科学になれるのだ」。余計なお世話だと思いましたね。普遍が大切で、地球という特殊なものなどどうでもいいと言われている気がしました。地球は宇宙の中のちっぽけな星であり、各生物は、その中のごく狭い範囲に住んでいるさらに特殊なものだからつまらないものだと、地球も生物もおとしめる主張に聞こえました。特殊とは、かけがえがないから特殊なのです。極端な普遍主義をふりまわすこのような科学観は、自分自身が現実に拠って立つかけがえのない場であるご当地や、自分自身までをも大切にしない自然観・世界観を助長しがちです。これはまずいなと思いますね。

普遍vs.個物

現代人は、個々の自然や生物を大切にしない極端な普遍的科学主義と、私個人だけを大切にする極端な個人主義の、二つを信奉して生きているように私には思えます。自分を含んで考えるときには、自分のことだけしか考えないごりごりの個人主義・利己主義。そして自分の外側を考えるときには、分子やグローバルスタンダードしか考えない超普遍主義。その二つの見方しかなく、その中間のことは無視しがちなのが現代人の特徴であり、そこが問題だと私は強く感じています。

そしてこの問題こそが、生物多様性の大切さを理解しにくくしている最大の原因でしょう。多様性とは普遍性と正反対の概念です。唯我独尊的に考える現代人にとって、自分の外の有象無象のものたちに、そもそも興味をもちにくいし、普遍主義からはそれらを大切にしようという発想も出てきにくいものです。というわけで現代では、個人と普遍との中間のものたちは、なかなか立つ瀬がないのです。

もちろんこれは、普遍（イデア）が大切か、個物が大切かという、きわめて古くからの論争ともつながることですから、いろいろな意見があるでしょう。私は、普遍と個別の緊張の中で中道を歩んでいくのが賢い生き方であり、また生物学のとるべき立場だと思っています。

生物多様性の重要性がなかなか理解されにくいものですから、ちょっと脱線気味に本書を始めてしまいました。次章から生物多様性の大切さについて話していきましょう。

第一章　生物多様性条約と生態系サービス

種《しゅ》の多様性には日々お世話になっている

これから生物多様性が大切だという話をしていきましょう。まず身近な例から。

①食

今朝食べたものを思い出して下さい。主食が御飯なら稲、パンなら小麦、味噌汁の味噌も豆腐も大豆で、出汁《だし》は昆布と鰹、葱も入っていたでしょうね。卵は鶏、香の物は大根と、食べものはすべて生物です。

多様な種の中から、稲や麦のような育てやすくたくさん実をつける植物を人類は選び出してきました。種が多様だったから、目的にかなうものを選ぶことができたのです。

ただ選び出すだけではなく、品種改良も積極的に行ってきました。私たちは同じヒトといっても、一人ひとり顔付きが違っています。同一種なのに形や性質にばらつきがある、つまり変異がみられるのです。生物は種内に多様な変異をもっているからこそ、その中から栽培に都合の良い品種を選び出すことが可能だったのです。だから種内の多様性も、種の多様性に劣らず重要です。

主食についてはこうですが、私たちは山で山菜を採り、（江戸時代なら）初鰹に大金をはらい、自然界の多様な種から、時節ごとに食べられるものをいろいろと採ってきて食卓に並べています。種が多様だから、ただ腹を満たすだけではなく、食卓を多彩なものにして楽しむことができるのです。

ここで忘れてならないのは、パンや味噌は発酵という生物の働きを利用して作られたものだということです。パンは小麦粉を酵母で発酵させて作ります。味噌も発酵食品ですが、これには麴菌と酵母が関わっています。多様な種のおかげで、ただ麦や豆だけを食べるのとは違った味わい方ができるようになります。結局、種が多様ならば食事は、より豊かに、より多彩に、保存も利き、そしてより口を楽しませてくれるものになるのです。

②衣

では次に着ているものに目をやりましょう。木綿は綿《わた》、絹は蚕、ウールは羊、革のコートは牛や馬など。人類は長い歴史の中で、ずっと動物の皮や植物繊維で作ったものを身にまとってきました。ナイロンがカロザース（アメリカの化学者）により石炭から作られ、化学繊維が衣服に使われるようになったのは二十世紀になってからです。ナイロンは石油からも作ることができますが、石炭も石油も、元をたどれば生物由来です。石炭はもちろん植物の遺骸。石油も

（つくられ方はいろいろあるようですが）生物の遺骸に由来するという説が有力です。日本が大量に輸入している中東の石油は藻類の遺骸が変化したもののようです。とすれば、何を着ていても生物を身にまとっていることに変わりはありません。

衣についてさらに述べれば、わたしたちは繊維をすべて染色して使っています。染めれば汚れが目立たず、もちろんおしゃれができます。昔は紅花、鬱金《ウコン》、蓬《よもぎ》、藍などの草木で染めたものでした。おしゃれも多様な生物のおかげだったのです。ちなみに藍は細菌で発酵させて使います。藍には防虫効果もあるそうです。

③住

さて、食、衣と見てきて次は住。家が木造なら、松や杉や檜という生物で造られていることは明らかです。モンゴルのゲルも木の骨組みに羊の毛で作ったフェルトをかぶせたものですから、これも生物由来。鉄筋コンクリートの家だって、じつは生物由来のものでできています。コンクリートの材料の石灰岩は、石灰の殻をもつ生物たち、すなわち有孔虫（単細胞生物）、サンゴ、貝、ウニやウミユリ（棘皮動物《きょくひ》）、石灰藻などの殻が堆積してできたものです。

さらに言えば、鉄筋の元になった鉄鉱石も、シアノバクテリア（ラン藻）がつくったとも言えるものなのです。大昔の海には鉄が大量に溶けていました。シアノバクテリアが光合成によって酸素を発生するようになると、この酸素と鉄とが反応して酸化鉄となって沈殿し、縞状鉄鉱石を生成しました。これを掘り出して使っているのですから、鉄だって生物由来だと言ってもいいでしょう。

こうしてみると、衣食住という、生きていくために最低限必要なものすべてを、私たちは生物から得ています。生きているとは他の生物たちのおかげをこうむっているということでもあるのです。いろいろな生物がいればいるほど、衣食住に使えるものが増え、私たちの生活はより多彩で豊かなものになっていきます。種のレベルでの生物多様性は、かくも人類の役に立っているのです。

快適な食と住とに欠かせないのが火。煮炊きにより人類の食生活は大きく変わり、食物にできるものの範囲もぐんと広がりました。そして寒い地方にも住めるようになり、野獣からも身を守れるようになったのです。火は木や菜種油や鯨油や石炭や石油や天然ガスを燃やします。天然ガスの由来は石油と同じですから、これらも生物由来です。

④脳と心の糧＝書物・音楽

衣食住が充たされても、それでわれわれは満足とはいかないでしょう。知的満足は欠かせません。それに欠かせないのが書物。紙は植物繊維をからめて平らにしたもの。最初の紙であるパピルスは葦、和紙ならばコウゾやミツマタ、一般の紙は針葉樹のパルプが材料です。木簡や竹簡、羊皮紙（動物の皮）も昔は使われました。それらに書くインキ（墨）は、煤《すす》を水や油に溶かしたものです。煤は木や植物油や石油を燃やして作ります。それを溶かす油には、大豆油が主に使われています。筆は動物の毛を竹の軸にくりつけたものや、ガチョウの羽。本を綴じる糸は木綿。すべて生物由来です。

音楽も潤いのある暮らしには欠かせません。バイオリンは木製の胴に羊の腸を張ってそれを馬の尻尾でこするものですし、笛は竹、ホルンは角、太鼓は木の胴に皮を張ったものと、楽器のルーツはほとんどが生物です。

⑤エネルギー

現代では通信と運輸という、情報と物を運ぶ手立てが様変わりし、生活の中でそれらの占める位置が、昔よりずっと大きくなってきました。本から情報を得るかわりに電子書籍から、生の音楽を聴くかわりに携帯音楽プレーヤーから、という時代です。テレビも新聞もなく、携帯もインターネットもなく、車もない、などという生活は、もう生活とは呼べないものでしょう。これらに支払う費用が食費より多いこともまれではありません。そしてこれらの通信と交通手段を動かしているのはエネルギーです。車や飛行機は直接石油由来の燃料を燃やしますし、通信手段は電気で動きますが、電気の三分の二は石炭や石油や天然ガスを燃やしてタービンを回すことにより作られます。現代生活はエネルギー抜きでは考えられませんが、エネルギーの多くは過去のさまざまな生物たちがつくってくれたものでまかなわれているのです。

⑥薬

健康に暮らしていけることにも、生物は大いに役立っています。直接役に立っているのが薬。薬の半分以上が生物由来なのです。昔から人類は薬草を用いてきました。植物は動けません。捕食者である動物たちから逃げることができないのです。そこで彼らは毒や刺《とげ》で身を守っています。毒というものは使い方によっては薬にもなります。植物のもつ毒の代表的なものはアルカロイドでしょう。全植物の二割のものがこれを備えています。アルカロイドとはアルカリ（塩基性）＋オイド（的なもの）という意味で名付けられたもので、ほとんどのものがアルカリ性を示しますが、窒素原子を含む天然由来の有機化合物の総称です。よく知られているものとしては、ケシからとれるモルヒネ（中枢神経に作用し鎮痛剤として用いられる）、タバコのニコチン、コーヒーやお茶のカフェイン、キナからとれるキニーネ（マラリアの薬）、イヌサフランからとれるコルヒチン（痛風の薬、細胞分裂を抑える効果をもつため、種なしスイカの作成や細胞の分裂機構の研究にもよく用いられる）、ニチニチソウからとれるビンブラスチン（細胞分裂を抑制し、抗がん剤として用いられる）、インドジャボクからとれるレセルピン（血圧降下剤）、等々。

アルカロイド以外にも、いろいろな物質が植物からとられて薬となっています。たとえばタミフル（インフルエンザの薬）は中華料理で使われる八角（トウシキミの果実）からとれたシキミ酸が原料の一つですし、強精の霊薬である朝鮮人参の成分はサポニンです。

二〇世紀に入り、植物よりずっと小さくて目に見えるか見えないかのようなカビ（真菌類）や細菌からも薬がとれることがわかってきました。その嚆矢《こうし》がフレミング（イギリスの細菌学者）によるペニシリンの発見です。これはアオカビからとられました。ストレプトマイシンは細菌の仲間である放線菌からとれた薬で、死の病だった結核が劇的に治るようになりました。近年では臓器移植が医学に導入されましたが、その際に用いられる免疫抑制剤のシクロスポリンは真菌由来のものです。

細菌たちは互いに競い合っており、競争者をやっつけるさまざまな化学物質をもっています。また植物も動物も、病原性の生物たち（ウィルス・細菌・真菌・寄生虫など）を撃退する化学物質をいろいろともっています。これらはヒトの病気にも効く可能性がありますから、多様な生物が存在するということは、（病原性の生物も出てくる反面）新薬が発見される可能性も大いに存在するわけで、生物多様性は薬の宝庫なのです。製薬会社はさまざまな生物を使って新薬の発見という宝探しに努めています。熱帯地域ほど生物多様性が高く捕食者も病原菌も多くなりますから、その地域に住む生きものたちは、身を守るためのさまざまな物質をもっています。そのため、新薬発見という宝探しは熱帯の森やサンゴ礁が主要な舞台となっています。

生物多様性がものすごい勢いで失われている

このようにわれわれの暮らしに大いに役立っている生物多様性ですが、その生物多様性が近年、急速に失われています。毎年、全種数の〇・〇一〜〇・一パーセントが絶滅していると推測されているのです。仮に現存している種が一九〇〇万種とすれば、毎年、一九〇〇〜一万九〇〇〇種が絶滅している勘定になります。一日あたりにすると、五〜五〇種が絶滅。三〇分〜五時間毎に一種ずつ、地球上から次々と生物が失われているのです。

過去にも絶滅がなかったわけではありません。鳥では、種の寿命は一万年から一五〇万年、海洋生物では一〇〇万から一〇〇〇万年だと言われています。種は絶滅するものなのです。それでも新種が登場する速度が絶滅速度を上回っていたため、その時点で地球上に存在する種数は増え続け、現在が地球の歴史の中で生物多様性が一番高いと言われています。

長い歴史の中では大量絶滅が起きたこともありました。主なものは五回。その一つが、恐竜が絶滅した時（約六五〇〇万年前）です。その際の絶滅速度は年に〇・〇〇一種、つまり一〇〇〇年に一種程度だったと言われています。だから今の一日に一〇種近くという絶滅速度は、とんでもなく速いものなのです。こんなことはかつてありませんでした。

絶滅は人間のせい

これには人類の活動が関わっています。われわれが多くの生物を絶滅に追いやっているのです。今の絶滅は、化石記録から知られる自然状態でみられた絶滅速度の一〇〇倍から一〇〇〇倍も速く、もちろん新種の形成速度を上回っています。このままでは次の世紀までに鳥類の一二パーセント、哺乳類の二五パーセント、両生類の少なくとも三二パーセントが絶滅すると危惧されています。これら三つの仲間は現存種のほとんどが記載済みだからこんな細かな数字が出せるのですが、他の生物たちのほとんどは、何種いるかすらはっきりとわかっていません。ですからきわめて大まかな概算しかできませんが、今世紀の終わりまでには現存種の半分が絶滅してしまうという恐ろしい予測も出されています。種は長い時間をかけて形成されたものである上に、たとえこれから同じ時間をかけたとしても、同じものが再び現われることはあり得ません。いったん失われたら、もう取り返しのつかないものです。そういう取り返しのつかないことを、われわれが大規模に行っているのです。

この大絶滅。リョコウバトやドードーのように人間が捕り尽くしていなくなったものもありますが、近代以降の絶滅の七割は、その生物の生息場所が破壊されたことが原因だと言われています。つまり、人口増加やより豊かな生活を求めて開発した結果が、この大絶滅なのですね。

種が絶滅しているとは、それだけ生物多様性も減少しているということです。日々お世話になっている生物多様性を損なわせているのですから、これはゆゆしき事態です。

生物多様性条約と生態系

このままではまずい、なんとかせねばという危機感から「生物多様性条約」が結ばれました。一九九二年リオデジャネイロの国際環境開発会議（地球サミット）で提案されたものです。日本はさっそく翌年、この条約を結びました。

この条約でいう生物多様性とは、生物とその住み場所に見られるすべての違い（変異性）を意味しています。具体的には①種内の多様性（たとえば同一種内でも個体により顔つきが違う）、②種間の多様性（多様な種がいること＝種多様性）、③生態系の多様性、の三つです。同じ種の中でも遺伝子がそれぞれに異なっており、また種が違えば当然遺伝子は異なっていますから、①と②はまとめて遺伝子の多様性と見ることもできますが、遺伝子の多様性が生物多様性の文脈で語られる際には、多くの場合、種内での遺伝子の多様性を指します。

生態系

ここで「生態系」という言葉が出てきました。生物多様性を理解するには生態系の理解が必要ですので、まず説明しておきましょう。

場所により、気候などの物理的環境が違えば、それぞれに異なる生物たちが住んでいます。ある地域に住むすべての生物と、その地域内の非生物的環境（地面・水・大気・温度・光など）

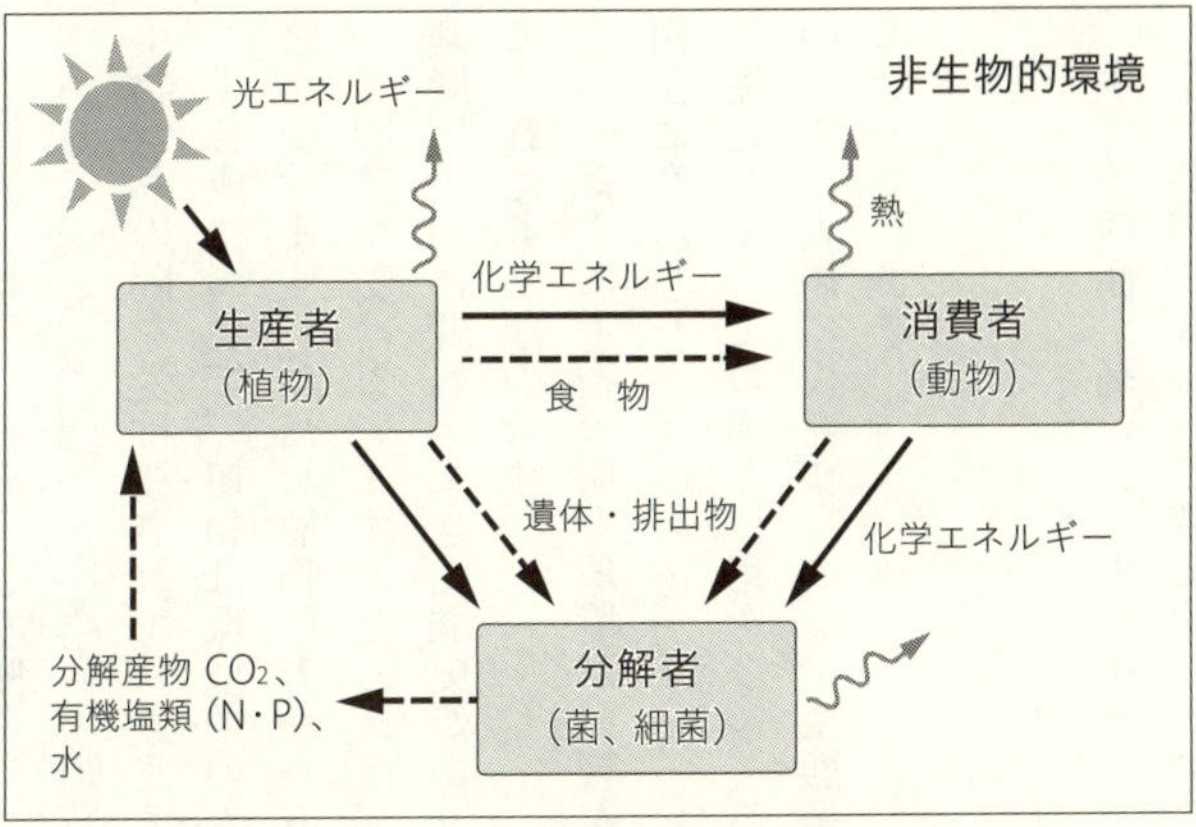

図2－1　生態系

をひとまとめにしたものが生態系です。こう言ってしまうと、そこに在るものすべてという感じですが、たんに在るものとして静的に捉えるのではなく、生態系内での物質やエネルギーの移動にとくに注目して、その移動においてそれぞれの生物がどんな役割（機能）をはたしているかを動的に眺め、全体を機能系として捉えたものが生態系です（図2－1）。

植物は光合成をしています。環境から光・二酸化炭素・水を取り込んで炭水化物をつくりだすのが光合成。こうして生み出された炭水化物がすべての生物の食物となります。だから植物は食物をつくりだす「生産者」として機能しています。われわれ動物は、植物のつくった食物を食べて消費している「消費者」。そして植物も動物も死ねば菌類や細菌類などの微生物によって分解されて土に還っていきます。微生物は「分解者」です（彼らも生物の遺骸を食べている消費者なのですが、生物を分解して環境へ還すという機能を強調する意味でこう呼ばれています)。エネルギーも、炭素や窒素のような体をつくっている元素も、「環境→生産者→消費者→分解者→(再び)環境」と、おのおのが役割をもつ生物たちの間を受け渡されていきます。このように眺めるのが生態系という見方なのです。

光合成において、植物は環境中の光・二酸化炭素・水を必要としており、これらに大きく影響を受けます。ただし植物の方が一方的に影響を受けるのではなく、逆に環境の方も植物によって影響を受けています。たとえば、光合成の結果植物が放出した酸素により、大気中の酸素濃度は大いに変わってきた歴史があります。現在、私たちが吸っている酸素は、植物がつくってくれたものなのです。

このように生物の側も環境に影響を与えます。生物同士の間だけではなく、生物と環境も、相互に作用し合っているのです。これらの相互作用を、生態系が働いている(機能している)と捉え、すべての相互作用をひっくるめて「生態系の機能」と呼びます。そして生態系の機能のうち、人類に役立つものを「生態系サービス」とし、これがわれわれにとってきわめて重要になってきます。

生態系サービス

生物多様性が高いと、生態系サービスがぐんと良くなる、だから生物多様性が大切なのだというのが、ここからの話です。

生態系サービスは多岐にわたるため、便宜上、次の四つに分けられています。①供給サービス、②文化的サービス、③基盤サービス、④調整サービス（図2-2）。

①供給サービス

人間の暮らしに直接役に立つ物品（財）を提供してくれるサービスです。これに関してはすでに、衣食住に関して大サービスを受けていることを見てきました。われわれが暮らしていくために、なくてはならぬサービスがこれです。多様性が高ければ食卓も衣服も建物も多彩になるのですから、種の多様性が良いことは明白でしょう。

私たちは身のまわりのものだけで満足してきたわけではありません。たとえば大航海時代に難破をものともせず、ヨーロッパ人がアジアやアフリカへと赴いたそもそもの動機は、オランダ人ならコショウなどの香辛料、イギリス人なら紅茶が欲しかったからです。コーヒーもココアも、つまり今のお気に入りの飲み物はみな、熱帯からもたらされたものです。砂糖もタバコもそう。嗜好品を手に入れるためなら、私たちは大金を出すし、命をかけさえするものなのです。主食の米だけあればいいから種の多様性などどうでもいい、とはならないのが人間というものでしょう。

文化的サービス
供給サービス
調整サービス
基盤サービス

図2-2　生態系サービス

種内の多様性もきわめて大切です。たとえばキャベツもケールもカリフラワーもブロッコリーも、すべてアブラナ属の中の同一の種ブラッシカ・オレラケアです。これらは元々地中海地方にあった原種を、長い年月をかけて品種改良して作ったものです。キャベツは葉の塊でありその葉を食べますが、カリフラワー（花椰菜《はなやさい》）やブロッコリー（緑花椰菜）は花の蕾《つぼみ》の塊であり、蕾を食べます。だからフラワー／花という名がついているのです。同種の内に見られるさまざまな変異の中で、葉が大きかったり蕾の大きかったりする変異をどんどん選別していった結果、同種でもびっくりするほどの違いが生じ、おかげでまったく違った野菜として楽しめます。同一種の中に見られる遺伝子の多様性が、これだけのものをもたらしてくれるのです。遺伝子は資源とみなせるものであり、遺伝資源と呼ばれています。

遺伝資源は可能性の宝庫

人類は品種改良に努力してきました。栽培植物や家畜はその成果です。ただしよりおいしく、より収量が多くと選抜して作られた系統は、きわめて病気にかかりやすく、環境の変化にも強くはありません。近親交配をすると生存率・生長率・繁殖能力などが低下することは古くから知られており、近交弱勢と呼ばれています。人間の場合でもスペインのハプスブルク王家の例などが有名です。交配する集団の遺伝的多様性が高いほど適応度（生きのびて生殖年齢に達した子の数）がふえることが知られており、栽培種が病気にかかるようになったら、より野生種に近い系統から遺伝子を導入してやる必要があります。そうしてしのいでも、五～一五年でまた野生種や初期の栽培種から遺伝子を導入し続けないと、生産性の高い品種は維持できません。二十世紀だけでもバナナ、サトウキビ、カカオ、コーヒーなどの重要な作物が、野生種からの遺伝子導入によって壊滅的な打撃から救われました。

こういったことがありますから、野生種を維持しておくことはきわめて重要です。ただしここで問題となるのは、さかんに作物を栽培している国と、その作物の原産地とは異なることが多いということです。たとえばカカオの原産地はアフリカでも中・南部ですが、主要な栽培地は西アフリカですし、バナナは東南アジアの森林が原産地ですが、今やラテンアメリカやアフリカでも大々的に生産されています。小麦も世界で栽培されていますが、原産地は中央アジアのコーカサス地方からイランにかけてだと考えられています。つまり作って儲けている国と遺伝資源の存在する場所とが一致しないのです。野生種を守ることはきわめて大切なのですが、それだけをやっていても一銭にもなりません。そこに開発の波がおしよせてきたら、野生種は亡ぶにまかせることになりがちです。そうならないよう、なんとか手を打たねばなりません。

近年ではバイオテクノロジーの発達により、遺伝子をかなり簡単に操作できるようになりました。おかげで品種改良にかかる時間が大幅に短縮され、また、以前には思いもつかなかったことができるようになったのです（たとえば、パンジーから青い色素をつくる遺伝子を取り出してバラに入れ、青バラをつくる）。昔のように異なる系統を掛け合わせて品種を作っていくというのは大変な時間がかかります。野生種は、果実は小さいけれど病気や厳しい気候に耐えられるなどということはよくあって、理論的には野生種の強い遺伝子を栽培種に導入すれば、収量が多くて強いという理想的なものが作れる可能性があるのですが、なかなか事は簡単にはいかなかったのです。それが、遺伝子操作技術を駆使すれば短期間で可能になるかもしれません。遺伝資源は可能性の宝庫。遺伝子の多様性は大変重要なのです。

②文化的サービス

これも直接私たちの役に立っていることが理解しやすいサービスです。供給サービスのように物を直接くれるわけではありませんが、精神的充足、美的な楽しみ、宗教・社会制度の基盤、レクリエーションの機会などを生物や生態系が与えてくれます。

森ではキャンプ、サンゴ礁ではダイビングと、生物多様性はレクリエーションや観光の場を提供してくれます。花は目を、鳥の声は耳を楽しませてくれます。ペットとのふれ合いは癒しを与えてくれるでしょう。画家にとっては描くべき対象となり、生物学者には研究対象として知的な楽しみを与えてくれます。

生物から学ぶ技術

ただ知的に面白いということだけではなく、私たちを技術的発展へと駆り立てる想像力も自然は与えてくれます。鳥が飛ぶのを見ていたからこそ、空を飛ぶ夢を抱き、先人たちは努力したのでした。最初は鳥のように羽ばたいて飛ぼうとしたのですが、それをやった全員が失敗。直接まねればうまくいくわけではなかったのですが、鳥がいたからこそ空を飛びたいという夢をもつ人間が次々と現れ、ついには飛行機を作ることができたのです。

羽ばたき飛行機はだめだったのですが、鳥方式がうまくいった例もあります。近年、飛行機の翼の先端に垂直の板（ウィングレット）のついているものが増えましたね。これはタカなどの風切り羽とそっくりです。これがあると空気抵抗が減り、おかげでボーイング737—300型の場合、燃料が六パーセント少なくて済むそうです。

生物は長い進化の歴史の結果、大変高機能な体をつくりあげているのですから、その生物の体のデザインや構造を研究して、そこから直接物作りのヒントを得ようという発想が出てきて当然でしょう。生物にまねた新素材を作る技術はバイオミメティックスと呼ばれますが、その例を一つだけあげておきましょう。

ハスの葉は雨が降っても水をはじき、水は玉になってころころと転がり、葉の表面は濡れません。また、転がりながら水玉がゴミを絡め取ってしまうので、ハスの表面はいつもきれいに保たれ、光合成に支障の出ることがありません。これは、ハスの表面に毛がびっしり生えており、その毛に、さらにものすごく微細な突起があって、これらで水玉を支えるため、表面が濡れなくなっているのです。この構造をまねて超撥水素材が作られました。レインコートや傘にはうってつけのものです（ただしこの生地で作られた傘の値段を見てびっくりさせられましたが）。

車のミラーにも応用され、雨でも見えにくくならないものが作られています。

多様な生物が多様な文化を育ててくれる

文化的サービスには、もっとスケールの大きなものもあります。稲作をしている人たちは稲を育てることから生じるライフスタイルや共同体の文化をもち、遊牧民は動物を育てることからくるライフスタイルや文化をもっています。農耕民と遊牧民とは互いに生き方が違い、自然観が違い、価値観も異なっています。民族の文化や宗教は、何を食べるか（つまり生物）と、どこに住んでいるか（つまり生態系）により、物質的にも精神的にも、根本の所で規定されているのではないでしょうか。別の言い方をすれば、それらによってわれわれは支えられているのであり、文化的サービスを受けているのです。

生物多様性を守るということは、人類の文化の多様性を守ることにもつながっているのですね。そして自分の住んでいるところの生物多様性を守ることは、自己のアイデンティティーを守ることにもつながっているのだと思います。

③基盤サービス

空気や水や土やエネルギーや栄養という、人間を含めたすべての生物が存在するための基盤となる環境を、今ある形に保ってくれているのが生態系であり、この生態系の機能を基盤サービスと呼びます。最も基本的なサービスと言ってよいものでしょう。このサービスの主役は植物です。

エネルギーの供給

植物は、ほとんどすべての生物にとっての食物供給源です。ウマやモンシロチョウのような植食性動物は、植物が光合成してつくりだした栄養物（デンプンなど）を直接食べますし、肉食のワシやオオカミは、植物を食べて育った獲物を食べるのですから、間接的であっても、やはり植物を食べていることになります。

食物供給源とはエネルギー供給源ということです。生きていくためにはエネルギーが必要です。すべての生物はエネルギーを環境から手に入れているのですが、そのエネルギーの大半は、元はといえば太陽から来る光のエネルギー。それを、食物という化学エネルギー（化学物質中に蓄えられたエネルギー）に変換するのが植物です。ここでは光合成をするものを簡便のために「植物」と言っておきますが、具体的には陸上の植物、水中の藻類、そして光合成細菌たちです。太陽の光エネルギー以外に、海底の熱水噴出孔の生物群集のように、地球の化学エネルギーを使う生物たちもいますが、これはごく限られた範囲のものであり、光合成をする植物こそが、エネルギー供給という最も重要な基盤サービスの提供者です。

種が多様だと光合成による生産量が増えます。実験的に一種のみを植えた区画と多くの種を混ぜて植えた区画を比べたところ、混ぜた方の生産量が一・七倍になったという報告がありま す。これは種が多様だと、そこにある資源を効率的に利用できるようになることによります。種が違えば草丈が違い、葉の広がりかたが異なり、また光合成に必要な光の強さも種によって異なります。丈が高くて陰にならずにどんどん生長する種だけではなく、その陰で少しの光でも生長できるものも生えていれば、日光を無駄なく利用できます。また土中からの栄養塩の吸収能力にも種によって差がありますから、いろいろな植物のいる方が、その土地の栄養塩を無駄なく利用できます。

大気の組成の維持

光合成は食物をつくり出すサービスだけではなく、大気の組成を現在のように保つというサービスも行っています。光合成では、二酸化炭素（炭素一個の化合物）を取り入れ、これを六個つなげて糖にします。二酸化炭素を糖へと還元するわけですが、その際、水素を使います。植物は光のエネルギーを使って水を分解し、出てくる水素は使い、酸素の方は不要物として体外に放出します。

糖は炭素と炭素の結合部位に化学エネルギーを蓄えています。炭素間の結合を切ることによってこのエネルギーを取り出しているのが呼吸です。呼吸はおおざっぱに言えば、光合成の逆の反応だとみなせるもので、酸素を使って糖を酸化しながら二酸化炭素へと分解します。

生物は、光合成においては大気から二酸化炭素を取り込んで酸素を放出し、呼吸においては逆に酸素を取り入れて二酸化炭素を放出します。大昔には、大気中に酸素はほとんど含まれていませんでした。酸素は他のものとすぐに反応を起こしやすい、きわめて活発な分子です。金属を空気中においておけば、すぐに錆《さ》びます。つまり酸素と結合して酸化物になってしまいます。だから大気中に自由な酸素はほとんど無かったのですが、生物の光合成で酸素が大量につくられた結果、現在の濃度になりました。ここでもし光合成生物がいなくなって動物や菌類や細菌類という消費者だけになったとしたら、酸素は呼吸で使われるし他の分子とも反応を起こすしで、早晩、酸素不足に陥ってしまうでしょう（もちろん食物供給が絶たれてしまいますので、そちらの方も大問題ですが）。

植物は大気中の酸素濃度だけではなく、二酸化炭素の濃度を今の値に保つのにも貢献しています。植物は光合成により、大気中の二酸化炭素を体内に取り入れ、デンプンや、さらにそれをもとにしてつくられるセルロースという形で体内に蓄えます。これを炭素固定と言います。全陸地の炭素固定量は年間一二〇〇億トンであり、われわれが化石燃料を燃やして排出している量五二億トンをはるかに超えています。植物のおかげで今の大気中の二酸化炭素濃度が保たれているのであり、森林が消失すれば大問題となります。

光合成によってつくられた食物を、われわれ動物は食べてエネルギー源としているのですが、食べることにはそれ以外に、自分の体をつくる材料を体外から取り入れるという意味もあります。ここでも植物は大切な基盤サービスを与えてくれます。動物の体で、水を除くと一番多いのはタンパク質です。タンパク質はアミノ酸がつながってできたもので、アミノ酸には窒素が含まれており、タンパク質をつくるには外部から窒素を取り込む必要があります。窒素は大気中に大量に存在しますが、動物はそれを使うことはできません。食物としてアミノ酸かタンパク質の形で窒素を取り込んでいます。ところが植物はアンモニウムイオンや硝酸イオンという窒素を含んだ簡単な化合物を利用できます。これらは遺骸の分解したものや、窒素固定細菌により空中の窒素からつくられたものが土中に存在しますので、これを植物は根から吸収してアミノ酸やタンパク質をつくります。それを動物が供給してもらうことになります。

水・温度

陸上の場合、食物以外にも植物の提供してくれる重要な基盤サービスがあります。水です。植物は雨水を体内に蓄え、じょじょに葉から蒸散させ、それにより大気の湿度が保たれます。熱帯雨林で降る雨の半分は、森から蒸散されたもの由来です（残りは海などで蒸発したものが風で運ばれてきたもの）。植物がその場所での水のリサイクルに深く関わっているのです。アフリカの北緯一〇度付近の森林をすべて切ったら、そのエリアの降水量が三分の一になってしまうというコンピュータ・シミュレーションの結果もあります。アフリカでは砂漠化が大問題になっていますが、砂漠化がさらなる砂漠化を引き起こす悪循環に陥ってしまうのです。

生物の体の六～八割は水でできており、水は生物にとってきわめて重要。海や川の中なら問題になりませんが、陸の生物にとって水の入手は死活問題です。その水を植物は体内に蓄えておいてくれますし、また、大気中の湿度を適当に保ってくれるおかげで、動物の体表から水が蒸発しにくくしてくれています。これはありがたいサービスです。

植物からの蒸散の結果、気化熱により温度が下がりますから、これは大気の温度を保つことにも寄与しています。じつは海にいる藻類や海洋プランクトンたちも気温に大きく関与しているようです。これらの藻類はDMSPという物質を大量に出しており、これからできる揮発性の硫化ジメチル（DMS）は海から大気中へと放出されます（海辺特有の磯臭い匂いの原因物質がこれです）。DMSは大気中を漂い、これが水蒸気の核となって雲ができます。雲は太陽光を反射するため、その分、大気の気温が下がります。雲がないと気温が一〇度は上昇すると試算されています。

土壌の形成

植物は、土も提供してくれています。根が岩の隙間に入り込んで岩を砕いて細かくし、落ち葉は積もって腐っていき、これらが土壌を形成します。土があるからこそ、さまざまな植物が生育でき、ミミズをはじめとする土壌動物や土壌細菌類が住むことができるようになります。そして根が、大雨が降っても土が流出しないように土壌をからめて安定させています。住むべき基盤をも植物が提供してくれているのです。生物が上陸するまで、地表に土壌は存在せず、地表は現在の一〇倍もの速さで浸食されていたと言われています。

すでに触れましたがもう一つ歴史的なことを言えば、光合成生物が出した酸素によりオゾン層ができて紫外線を吸収してくれるため、陸上にも生物が住めるようになりました。これはわれわれ陸上の生物にとって、きわめて大きな意味をもつ基盤サービスです。

エネルギーの供給、水の循環、大気のガス組成の維持、土壌の形成と保持、炭素や窒素などの栄養素の循環など、これらすべては、どの生物にとっても生きていく上で欠くべからざるものです。そういう基盤となるものを提供してくれるのが、植物による基盤サービスなのです。

海には藻類がおり、海の中でも植物からの基盤サービスが受けられます。陸の上には陸上植物がおり、陸の上でもサービスが受けられます。陸といっても熱帯も極地も高地も低地も湿地も砂漠もありますが、それぞれに異なる植物がいて基盤サービスを提供してくれるのは、生物多様性のおかげです。

④調整サービス

これは他の生物や環境から、人間社会に対して加えられる悪い影響を、生態系が和らげてくれるサービスです。たとえば森は天然のダムと呼ばれ、大雨が降っても木々が水を蓄えることにより洪水を防いでくれます。また、根が土砂崩れを防ぎます。（沖縄などでみられる）島をとりまくように発達したサンゴ礁は、台風の波や津波を防ぐ天然の防波堤です。これらは環境から加わる物理的な悪影響を生態系が和らげてくれる例です。

河口域の生態系は、生活排水を浄化し、汚染物質を無毒化してくれます。これは環境からの化学的な悪影響を和らげてくれる例です。

特定の病原菌による感染症が簡単には広がらなかったり、害虫の被害が広域に及ぶことが少ないのは、生物からの悪影響を生態系が和らげてくれる例です。天敵や競争者が病原菌や害虫の野放図な増加に歯止めをかけてくれますし、病気にかかりにくかったり食われにくかったりする種も存在するため、蔓延が食い止められることになります。

これは種が多様である場合に限りません。たとえば同一種でも、遺伝的に多様なイネを植えた水田では、単一の品種のみを植えた場合に比べ、いもち病やうどんこ病などの発生がずっと少ないという報告があります。病原菌は特定の遺伝子型をもった個体に感染しやすく、そういう個体から個体へと広がっていきます。だから遺伝的に多様なものを植えれば病気が蔓延しにくくなり、結局収量も上がり、農薬の使用量も少なくて済み、生態系への負荷も少なくなります。

遺伝的多様性の少ない品種に頼ったことによる最大の悲劇は、アイルランドで一八四五年から四年にわたって起きた大飢饉でしょう。ジャガイモ疫病により主食だったジャガイモがやられ、二〇〇万人が餓死、一〇〇万人が米国への移住を余儀なくされました（この悲劇には当時アイルランドを支配していたイギリスの政策のまずさも関係しています）。ジャガイモは一六世紀末にアメリカ大陸からヨーロッパにもたらされました。種芋から殖やせるため栽培されているものがすべて同じ親由来になりがちで遺伝的多様性に乏しくなり、それが病気の大蔓延を招く結果になったのです。これに懲《こ》りたイギリスは南米各地から野生種を集め、ジャガイモの遺伝子の多様性を保つことに配慮するようになりました。

動物が花粉を運んで植物の受精（受粉）を助ける送粉サービスも調整サービスに数えられています。農産物に限ってみても、世界の食糧生産の三分の一が送粉サービスのおかげをこうむっています。ここでも種の多様性は重要です。たとえばインドネシアのコーヒー栽培において送粉にかかわっているのはハナバチの仲間ですが、ハナバチが四種しかいないと、咲いた花で結実するものは六割しかありません。ハナバチが九種に増えると、九割が結実するようになります。ハナバチは花粉と花蜜を食物としているハチで、ミツバチやクマバチがこれに属します。ハウス栽培でイチゴやスイカ、メロンを作っている農家は、養蜂業者からレンタルミツバチを借りて来て受粉させています。露地栽培のリンゴやナシでもミツバチを借りることが多いようです。

生態系の安定性

病気や害虫が発生したり、外来生物が侵入してきたり、気象の大きな変化や山火事などの異変が生じても、生物多様性が高ければこれらに抵抗できる生物がいて、おかげで生態系が崩壊しにくくなるでしょう。そしてたとえ生態系が異変により攪乱《かくらん》されたとしても、多様性が高ければ生長の早い種が存在してより早く生態系が回復するでしょう。結局、多様性が高ければ攪乱を受けにくく、攪乱されても回復が早い、つまり生態系が安定すると思われます。

生態学に多大な貢献をしたチャールズ・エルトンは、外来生物が侵略してきた生態系の研究をまとめた『侵略の生態学』の日本語版序文（一九七〇）でこう書いています。「ある生物群集が多くの種を含んでいる場合は、田畑とか大洋のまんなかの島とかで見られるように単純な種類構成から成り立っている場合にくらべて、抵抗性がいっそう強いということ、いいかえれば生態的な衝撃に堪え、またそれを調整する能力が強いということは、まだ実証しつくされたとはいえませんが、多くの証拠でもはや明らかな事実です」。

このように生物多様性が高いと生態系が安定していることは、経験的に印象としてもたれていたのですが、その後メイ（イギリスの理論生態学者）が数理モデルを使って理論的に解析すると、種が多様だと生態系の安定性が逆に低くなるという結果が得られてしまいました（一九七三）。これはメイのパラドクスとして大きな問題になり、一時、生物多様性による生態系の安定化に疑問符がついたのですが、その後のティルマン（アメリカの生態学者）の一〇年にわたる野外での栽培実験などから、やはり種が多様だと安定しているという結果が実証されました（メイのパラドクスは、理論が仮定した条件が、現実とは異なっていたことから生じたようです）。

安定する仕組み

種の多様性によって生態系が安定する仕組みとして二つのことが知られています。一つは「ポートフォリオ効果」。これは株式の世界から借りてきた考えです。株を買う場合、一つの銘柄にすべてを投資すれば、当たれば大もうけですが、下手をすれば大損。利益は安定しません。多数の銘柄に分散させて投資すれば、どれかは上がり、どれかは下がるので、利益の変動は小さくなります。それと同様で、たくさんの種がいれば、攪乱の影響を大きく受けるものも小さく受けるものもいろいろあり、平均すれば変化が小さくなって生態系が安定するでしょう。

二つ目の仕組みが「負の共分散の効果」です。これは競争関係にある二つの種がおり、それらの攪乱に対する抵抗力が異なる時に見られるものです。植物を例にとりましょう。植物はリンや窒素などの栄養塩類を互いに奪い合って競争しています。攪乱により、弱い方の植物が減ると、攪乱に強い種は競争者がいなくなったおかげで栄養塩を独占でき、さかんに生長します。その結果、植物の「バイオマス」(そこに存在している生物の体の総量で、生物体量や現存量とも呼ばれる) は攪乱を受けた後も減ることはなく、生態系は安定することになります。

多様性が高いと生態系が安定する他の要因としては、植物の多様性が高いほど生産力が上がって食物が豊富に供給されるため、攪乱を受けて生産力が少々下がっても致命的になりにくく、安定するということもあるでしょう。

ティルマンの実験

ティルマンらはミネソタ大学のシダークリーク博物地区において、八メートル×一六メートルの長方形の区画を二〇〇ほど用意し、その中に草を植えました。植える際に、区画ごとに種の数をいろいろ変え、そこに生い茂ってきた植物のバイオマスを一一年にわたって調べました。この実験から、種の数が多いとバイオマスが多くなる（つまり生産量が増え、供給サービスの機能が高まる）ことがわかったのですが、生態系の安定性が高まることもわかったのです。一一年の間に二度干ばつがあり、その年のバイオマスは減りました。その減り方が種の多様性によって異なり、多様性の高い区画ほど減り方が少ない、つまり生態系が安定していたのです。具体的に言うと、一種か二種しか植わっていなかった区画のバイオマスは干ばつ前の一〇分の一程度にまで激減したのですが、一五種以上の種が植わっていた区画は、半減で済みました。また、多様性の高い区画ほど、まわりの農業地から侵入してくる外来種の数が少ない、つまり侵入によって攪乱されにくく生態系が安定しているという結果も得られています。ただしこのような実験はまだ数が少なく、草原ではそうかもしれないが森林ならどうか？　温帯はそうかもしれないが熱帯では？　種数が一〇種のレベルならそうだろうが一〇〇種なら？　と、さらにいろいろな条件下で行われた結果が集まるまでは、種が多様なほど安定だとはなかなか言い切れないのが現在の研究状況です。

安定性には種内の多様性も大切です。たとえばアマモ（海の浅い部分にはえる被子植物）は、遺伝的多様性の高い集団ほど鳥（ガン）に食われたあとの回復が早いし、異常高温にさらされた後の回復も早いことが知られています。

川を養う森、海を養う山

以上は生態系内部での話。生態系も単独で存在しているわけではありません。まわりの生態系と関係をもちあっています。そして生態系の多様性も、生態系の安定性や機能を助けるのです。

例として、水と養分（有機物）を介する関係を見てみましょう。山間部を流れる渓流では、岸辺に木々が生い茂り、川面には光が届きにくく、そのため藻類があまり育ちません。だから川の中での光合成による有機物供給量は少ないのですが、渓流にはイワナもいればカジカガエルもカワゲラもトンボのヤゴもいます。彼らを養っているのは、まわりの山から入ってくる有機物です。川にはまわりの木々から枝葉が落ちてきますし、また地面に落ちた枝葉が分解して有機物となり、それが雨水と一緒に川に流れ込みます。四年にわたり森林から落葉落枝が入ってこなくしたところ、川の生物のバイオマスが六分の一になってしまったという実験があります。

渓流への水の供給源もまわりの森です。雨は葉を濡らし幹をつたい、落ち葉の上に溜まり張りめぐらされた根の間をゆっくりと通って川へ流れ込みます。また、木は水を吸収して溜め、それを晴れた日には葉から大気中へと蒸散させ、そうして大気に戻った湿り気は、また雨として降り注ぎます。木の働きにより、水がその場所で循環するのです。木を切ってしまうとその地域に蓄えられる水の総量が減るため、降水量は減ります。もしはげ山になってしまったら、渓流の陽当たりは良くなるでしょうが、雨の降る回数が減って水は涸れ、たまに降ったときは激流となりすべてが流されかねません。渓流の生態系が安定して存在するには、まわりの森林生態系がきちんとしている必要があるのです。

川は下流になれば川幅も広がり、川の中での光合成もさかんになりますが、それでも陸からの有機物はかなりの部分を占めています。海でも沿岸域では、有機物の二割は陸由来だと言われていますから、海と山とは関係しているのです。宮城県気仙沼の畠山重篤さんはカキやホタテの養殖をしている漁師さんですが、おいしいカキができるには山が大切と考え、山に木を植える「森は海の恋人」運動を長年行ってきました。一度ご自宅にうかがったことがありますが、独自のアイデアをどんどん実行しているすごい方です。三・一一で被災した後も、独自のアイデアで復興に尽力しています。

二つの生態系を結ぶ動物たち

海の有機物が陸へ運ばれるのには、海鳥が陸に営巣して糞をする例や、海で育ったサケが川を遡ってきてクマの餌になるなどの例があります。これらは二つの生態系を行き来する動物たちです。動物たちが異なる生態系をつないでいるのです。二つの生態系を必要とする生物の代表は、カエルやイモリのような両生類でしょう。子どもの時は水界に、親になると陸上に住みます。これらの動物は一方の生態系がだめになっただけでも生きていけません。川が汚染され、サケが遡ってこなくなることは多くの川で起きました。それでもサケのように広い分布域をもった動物なら種としての絶滅は免れることができ、近年の川の環境改善のおかげでサケが戻ってきたことはニュースになっています。両生類はそうはいきません。現在、様々な種が大変な速度で絶滅していっているのですが、その中でもとくに両生類の絶滅速度が大きいことが知られています。両生類は生息域が狭く、二つの生態系のどちらもが健全でなければならないし、さらに二つをつなぐ通路が確保されている必要があります。たとえばカエルやイモリのように水田と森林を行き来するものは、水田へ水を導く水路の壁を、コンクリートで垂直に深く作ってしまうと、そこを越せません。複数の条件が満たされにくくなってきたことが、両生類の高い絶滅率の一つの原因でしょう。

第二章　バイオームと熱帯雨林

本章と次章とで、生物とはここまで多様なものなのか！　という具体例を見ていきたいと思います。多様性のきわめて高い生態系は、陸なら熱帯雨林、海ならサンゴ礁。本章で熱帯雨林を、次章でサンゴ礁を見ることにします。ただし具体例に入る前に、生物多様性を生み出す、そもそもの原因である環境の多様性についてまず見ておきます。また、多様な生物がどのように共存可能になるのか、なぜ（熱帯雨林やサンゴ礁という）熱帯域で種の多様性が高くなるのか、という生態学の基本的な事項を押さえてから、具体例へと入っていくことにします。

環境の多様性と種の多様性

これほど多様な生物が見られるのは、さまざまな環境があるからです。生物は時間をかけて、それらの環境に適応した多様な種を進化させてきました。ある場所にどんな種が住めるのかに大きく影響しているのが温度・水・光。これらは気候の主な要素です。気候により住んでいる生物が大きく変わります。

生物は、地上や水中のみならず、上空数キロメートル、地下三キロメートルの水を含む岩まで、さまざまな場所に住んでいます。生物が住んでいる地球上すべての場所をまとめて生物圏と呼び、その生物圏の部分部分に特有の生物たちがいます。ある特徴を示す広い範囲の場所に注目し、そこに住むすべての生物をまとめてバイオーム（生物群系）と呼びます。バイオ（生物）＋オーム（塊、群れ）という造語です。バイオームは大別すると陸上と水界に分けられますが、その主なものを見ておきましょう。

陸上バイオーム

陸上バイオームは、そこに生えている主な植物（優占種）によって分類されています。優占種とは、生えている植物の中で個体数が多くて背丈が高く葉や枝の広がりが大きい種類のことです。それが高木か低木か草か、季節により落葉するか、葉の形（針葉樹か広葉樹か）などでバイオームが分けられています。

日本のバイオーム

陸上バイオームの違いを生み出す主な要因は気温と降水量です。日本の場合、雨はたっぷり降りますから、気温により北から南へとバイオームが変わっていきます。また山に登るほど気温が下がるので（一〇〇〇メートル登ると五〜六度気温が低下）バイオームも変わります。

一番北、北海道東北部にはエゾマツ、トドマツなどからなる常緑針葉樹林というバイオームが見られます。道南から本州の北半分にかけては冬に落葉するブナ、クリ、カエデなどからなる夏緑樹林が、本州の南半分・四国・九州・屋久島までにはシイやカシによる照葉樹林が、そして沖縄にはビロウやマングローブからなる亜熱帯雨林というバイオームが見られます。

世界のバイオーム

世界に目を向けてみましょう。気温は赤道付近から極地へと下がっていきます。また、降水量にもパターンがあります。これはちょっと複雑で、赤道から極地へと、湿った気候と乾燥した気候が交互に現れます。そうなる理由を説明しておきましょう。

赤道付近の強い日射により蒸発した水を含む空気の塊（気団）は、暖められて上昇し、上空で冷やされて雨となり、赤道付近に暖かく湿った熱帯の気候をつくりだします。雨を降らせて乾燥した気団は南北に分かれて高緯度方向に向かい、回帰線〜緯度三〇度の近辺で冷えて地表まで下りてきます（図3－1）。この乾いた空気が地表から水を奪うために、そこは砂漠となります。北回帰線が通るサハラ、南回

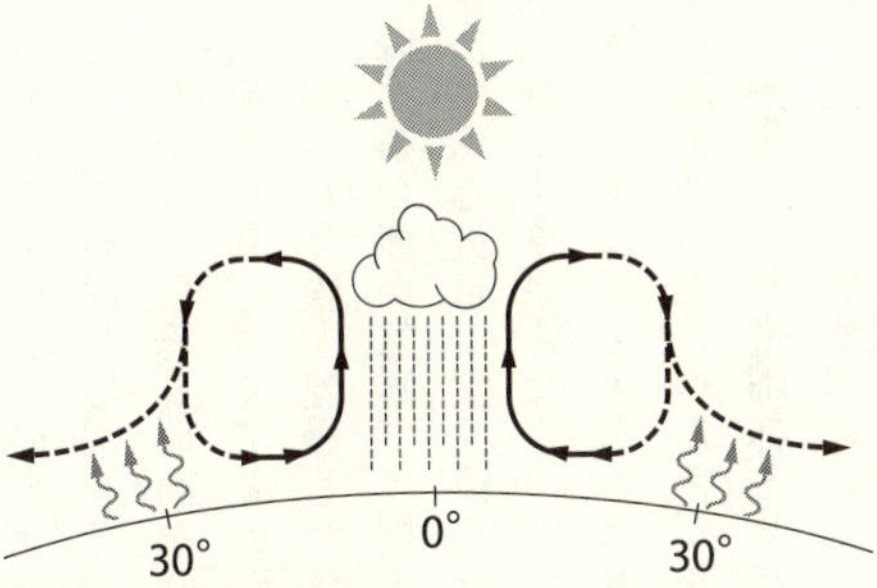

図3－1　気団の循環

帰線の通るアフリカのカラハリやオーストラリアのギブソン砂漠がこれです。

こうして砂漠から水を奪って地表で暖められた気団は、南緯六〇度や北緯六〇度付近の温帯で再度上昇してそこに雨を降らせます。そうして乾いた気団はさらに両極に向かい、極地で下降気流となり、寒くて乾いた極地の気候を生み出します。このように、赤道から両極に向かって、湿った気候と乾燥した気候が横縞状に交互に繰り返すことになります。

降水量の多い気候では樹木が育ちます。より乾燥した場所は草原となります。木は面積あたりにすると大量の葉を茂らせており、その分たくさんの水を必要とするため、乾いた土地では木は育たず草原となるのです。草原よりもさらに降水量が少なければ砂漠になります。

陸上の主なバイオームは八つあります。熱帯、温帯、寒帯と大別して、それぞれの中を降水量の順に並べて述べると、左のようになります。

熱帯　熱帯雨林・サバンナ・砂漠
温帯　照葉樹林または夏緑樹林・温帯草原
寒帯　針葉樹林・ツンドラ

これらについて簡単に説明しておきます。

①熱帯雨林

赤道付近の暑くて降水量の多い気候で見られるバイオームが熱帯雨林です。陸上の種の半数がここに存在しているきわめて生物多様性の高い場所です。さまざまな樹木が階層構造をなしており、この樹木がつくり出す三次元空間を多様な動物たちがたくみに利用しています。熱帯林は世界の森林の五〜六割と大きな割合を占めていますが、いずれの場所においても森林の破壊、ひいては生物多様性の減少が起きており、大きな問題になっています。

②サバンナ

熱帯や亜熱帯で、砂漠に隣接し、降水量が砂漠ほど少なくはないが多くもなく、雨期と乾期が交代する地域にはサバンナと呼ばれる草原が広がっています。ヌーやシマウマなどの大形草食哺乳類が群れ、ライオンやチーターなどがそれをねらうというケニアのサバンナの光景は、映像でおなじみでしょう。草はイネ科のものが中心です。木もまばらに存在しますが、多くは葉からの乾燥を少なくするために、葉が刺状になっています（たとえばアカシア）。

③砂漠

砂漠は水が少ないため、生物にとって住みにくいところです。サボテンのように水を体に蓄えておける多肉植物や、地中深く根を張って水を吸い上げることのできる植物のみが点々と存在しています。動物も節水可能な体をもっているものに限られ、大抵のものは夜行性で昼の高温と乾燥を避けています。

④⑤照葉樹林または夏緑樹林

熱帯と極地の間が温帯です。温帯で樹木が育つだけの雨量のある地方のうち、比較的温暖なところには照葉樹林（温帯常緑広葉樹林）が分布します。ここでは葉が厚くて光沢をもつ照葉樹が優占しています。一方、温帯でも比較的寒冷な地方には夏緑樹林（温帯落葉広葉樹林）が分布し、ここでは冬に葉を落とす落葉広葉樹が優占します。冬場には気温が下がり、光合成をしてもデンプンをあまりつくれない上に、地面が凍る場合にはそこから水を吸い上げて葉に供給するのも困難になります。そこで葉を落とし、活動度を大幅に下げてしまいます。ここに住む哺乳類にも冬に活動度を下げて冬眠するものが見られます。鳥類の場合には、冬はより暖かい地方へと渡るものがいます。温帯の広葉樹林は、気候もそれほど厳しくはなく熱帯のように病気（たとえばマラリア）や寄生虫も少なく、人間にとって住みよい場所であり、森林のかなりの部分は開発されてしまっています。

⑥温帯草原

温帯の草原はロシアではステップ、北米ではプレーリーと呼ばれます。降水量がそれほどではないので草原になっているのですが、ここで灌漑《かんがい》をすれば農地にうってつけで、今や多くの温帯草原は農地に変えられ、世界の穀倉地帯になっています。

⑦針葉樹林

亜寒帯地方には陸上最大のバイオームである針葉樹林が分布しています。これはシベリアや北米ではタイガと呼ばれています。ここで優占するマツ、モミ、トウヒ、ツガなどの針葉樹は樹形が円錐形をしていますが、これは雪が積もっても枝の折れることが少ない形だからです。

⑧ツンドラ

年平均気温がマイナス五度以下となる寒帯では、樹木は育たずツンドラと呼ばれる草原となります。草原とはいえ、地面がむき出しになったところが多く、植物の生えているところでも地衣類やコケ植物が優占しています。全陸地表面の五分の一はツンドラです。

水界バイオーム

陸では降水量が問題になりますが、水界は水だらけですから、これは大丈夫。問題は光です。地上にはさんさんと光が降り注いできます。ところが光は水によって吸収されるため、せいぜい水深二〇〇メートルまでしか届きません。そこで水界では、浅くて光合成に十分な光の届く有光層と、より深い無光層に分けられ、生物の生活がまったく異なります。ふつうは植物のつくり出す光合成産物を植食動物が食べ、それを肉食動物が食べてと食物連鎖が進むのですが、無光層では光がないため光合成生物は住めません。有光層から落ちてくる有機物か、海底火山のエネルギーを使う化学合成かのどちらかが食物の供給源となり、それをもとに育った生物をさらに他の動物たちが食べるという食物連鎖になります。

もう一つ陸では問題にならなかったもので、水界で大問題になるのは基盤です。陸上のバイオームは地面の上に成立しており、土地という基盤があるのが大前提です。ところが水界では、水底には基盤がありますが、そこ以外は足場のない水だらけの世界で状況が大いに違います。水底の部分が底生域で、そこには底生生物（ベントス）と呼ばれる一群の生物が住んでいます。底ではなく、その上の水の塊の中に住むものたちは、浮き漂っているものがプランクトン、自力で活発に泳ぐもの（魚など）がネクトンと呼ばれます。

水界のバイオームは海と淡水とに大別できます。淡水のバイオームには湖、河川、湿地、があります。淡水と海水の混じり合う場所である河口も独特のバイオームです。

海洋のバイオーム

海は地表の四分の三を占め、水深は平均でも三〇〇〇メートルありますから、空間的には最大の生物の住み場所です。大海の大半を占めるのが海洋漂泳バイオーム。プランクトンが漂いネクトンが泳いでいる、まわりは水だけの世界です。海底層は、沿岸域と外洋の底生域に分けられます。熱帯・亜熱帯の沿岸域にはサンゴ礁という、海で最も生物多様性の高いバイオームが形成されます。

潮間帯

海と陸との境目にあるのが潮間帯です。潮の満ち引きにより、一日に二度空中にさらされる場所です。干上がれば乾燥するし、夏は直射日光に、冬は寒風に吹きさらされ、土砂降りなら真水に近い環境になります。そんな過酷な条件に耐えられる独特の生物たちが住んでいます。潮間帯の良いところは、陽当たりが良く、獰猛《どうもう》な海の捕食者（たとえば大形の魚やヒトデなど）が寄りつけず、また、波が有機物を運んできて置いていってくれることです。波が沖から有機物を運んで来るのですが、水が砂の間を引いていく際に、その有機物が砂の間に引っかかって残ります。また波は陸にぶつかり、速度が遅くなって、有機物が沈殿します。つまり岸辺は巨大な栄養収集装置のように働くのです。さらに潮間帯には陸から栄養が川や雨水とともに流れ込んできます。潮干狩りで掘ってもほってもアサリがどんどん出てくるのは、この豊富な有機物のおかげです。

ニッチ

自然界において、生物は単独で存在しているわけではありません。同種の集まりがあり、それがまた他種の集まりたちと食う食われるなどの相互関係を結びながら一緒に暮らしています。

ある場所に生息している同種の個体の集まりを「個体群」、異種の個体群の集まりを「群集」と呼びます。個体群中の個体同士も、また群集中の異なる種同士も、資源をめぐって競争します。資源のおもなものが食物と住み場所です。ある種において、その種が利用する資源のすべてを合わせたものを「ニッチ」(生態的地位)と呼びます。

利用する資源が同じ、つまり同じニッチの二種の間では競争が起こり、その結果、二種は共存できずに一方が排除されてしまいます(競争排除)。ニッチはよく職業にたとえられますが、同じ町内に八百屋が二軒あった場合、品物が良くて安い店が繁盛し、そうでない方はつぶれるというわけです。でもつぶれそうな店がクリーニングの取り次ぎもはじめたら、ついでに野菜を買っていく客が出てくるかもしれません。ニッチを少し変えてやるのです。また、はやらない八百屋が開店時間をずらして夜遅くまで営業するようにしたら、夜の時間帯の客で商売が成り立つかもしれません。時間も資源の一つであり、活動時間を変えることもニッチを変えることになります。

そのままでは種間競争に負けて排除されるような種でも、少しニッチを変えると競争を回避でき、こうして似たような複数の種が同じ場所で住んでいくことが可能になります。そのよく知られた例がガラパゴス諸島のダーウィンフィンチという小鳥です。

ダーウィンフィンチの共存

ガラパゴスフィンチとコガラパゴスフィンチはとてもよく似ており、どちらも種子をくちばしで押しつぶして割って食べる種です。ある島には一方の種だけが、別の島にはもう一方の種だけがと別々に分布している場合には、二種のくちばしの厚さ（くちばしの根元の高さ）に違いはみられません。ところが二種が一緒に住んでいるサンタ・マリア島やサン・クリストバル島においては、ガラパゴスフィンチのくちばしはより厚く頑丈になって、地上に落ちて乾燥して硬くなった大きい種子（ハマビシなど）を食べやすくなり（かわりに小さい種子は食べにくくなる）、コガラパゴスフィンチの方は薄いくちばしとなって小さくて軟らかい種子（クロトンやヘリオトロープなど）を食べやすい形へと、くちばしの形が変わります（これを形質置換と呼びます）。食物を変える、つまりニッチを変えることにより、よく似た二つの種が共存できるようにしています。これは競争により多様性が生まれる良い例です。ちなみにガラパゴス諸島にはダーウィンフィンチが一四種おり、種子を食べるもの以外に、木の実を食べるもの、サボテンを食べるもの、虫を食べるものと、食物が異なっており、それぞれの種が異なるニッチをもつことにより共存可能になっています。

同じ地域に多様な種が共存できるのは、①環境の異質性が高いために多様な資源があり（利用できるニッチが多く）、②それぞれのニッチを利用する専門家の種が存在し（種の特殊化が進んでおり）、③どのニッチにおいても強い、万能の天才のような種は存在しない（あるニッチに適応して強いものは、他のニッチへは適応できずに他種に負けてしまうというトレードオフが成立している）という三つの条件が満たされた時です。このような状況の下で、競争が進むだけ進んで平衡状態に達すれば、種の多様性が高まると考えられています。

中規模攪乱説

しかし自然界では、平衡状態には達していないことがよくあります。その場合には、資源が利用し尽くされてはいないため競争排除が起こらず、競争に弱い種も共存できることがしばしば起こります。有名な例がカリフォルニアの潮間帯の岩場で行われたペイン（アメリカの海洋生態学者）の実験です。この岩場では、フジツボ、カメノテ、貝類（ヒザラガイ、カサガイ、イガイ、巻貝）が岩の表面に固着したり這っていたりの生活を送っています。これらはすべて、そこにいるヒトデの餌になります。実験的にヒトデを取り去ってしまうと、イガイ（カリフォルニアイガイ）が岩礁の表面のほとんどを覆い尽くし、他の動物たちが排除されて生物多様性が著しく低くなりました。一番競争力の強いイガイをヒトデが好んで食べることにより、競争排除が働かずに多様性が高くなっていたのです。つまりヒトデによる捕食という攪乱は多様性を高める効果をもつのです（ここでの攪乱とは個体群の死亡率を急激に上げること）。もしヒトデが大発生してすべての餌を食べ尽くせば、もちろん多様性は激減します（これは大規模攪乱）。逆にヒトデを取り去って攪乱をまったくなくしても多様性は減りました。少数のヒトデによる捕食は攪乱が中規模のケースですから、「中規模の攪乱がある時が、一番多様性が高くなる」

というのが中規模攪乱説です。

ヒトデのように、餌になる種の多様性を保つ働きをする捕食者をキーストーン捕食者と呼びます。キーストーン捕食者が競争力の一番ある餌種を好んで食べるのは、そういう餌種の密度が高かったり体が大きかったりして（カリフォルニアイガイは手のひらを二つ並べたほどの巨大な貝）、これらを好めば効率よく食事ができるからでしょう。今の例では捕食者が攪乱の原因でしたが、サンゴ礁における台風などの物理的要因による攪乱や、熱帯雨林において大木が倒れてあたりの木々がなぎ倒されるというような攪乱など、攪乱の原因はいろいろあります。熱帯雨林やサンゴ礁のように空間をめぐって種が激しく競争している場合に、中規模攪乱説が比較的よく当てはまるようです。

熱帯はなぜ種が多様なのか

種多様性が最も高いバイオームは、陸では熱帯雨林、水界ではサンゴ礁です。どちらも熱帯域に存在しています。地球上のすべての種の三分の二〜四分の三が熱帯に住んでいるのです。なぜ熱帯では種多様性が高いのでしょうか。これについては昔からさまざまな説が提唱されてきました。まだ正解はわかっていませんが、代表的な仮説を以下にあげておきましょう。

①エネルギー説

低緯度は日差しが強いので植物の光合成量が多くなり、食物がたくさんあるのだから多くの種を養えるという説。常識的にはきわめて妥当に思える説です。ところが光合成量（生産力）と種の数の関係を調べてみると中程度の生産力の場合に一番種数が多くなるという結果がありますo なぜこうなるのかは捕食者で説明可能でしょう。生産力が高まると種数は増えるのですが、非常に生産力が高い場合にはたくさんの捕食者も養えることになります。そして、これらがどんどん食うと、捕食されにくい種しか生き残れなくなり、種多様性がかえって減少してしまうのです。

②高温説

気温が高ければ生物の代謝速度が上がり、早く成長し、すばやく世代交代するから、新たな種に分化する速度が増し、種が多くなるという説。

③通年気候安定説

冬が来るため、それに耐えられる種しか住めなくなる温帯と違い、熱帯はいつも暖かく気候が安定しており、より多くの種が住めるでしょう。さらに熱帯のように気候の変動が少ないと、どの季節にも同じ餌になる生物が存在しますから、それだけを食べるように特殊化すれば、いろいろな餌に対してそれを専門に食べるスペシャリストが誕生して種の数は多くなります。実際、熱帯の昆虫では温帯のものより利用する宿主植物に対する特殊化が進んでいることが知られています。

④歴史的気候安定説

高緯度地方では、過去の氷期に多くの生きものが絶滅し、それから回復できていないということがあるでしょう。太平洋と大西洋で浅海域の生物（たとえば造礁サンゴ）を比べると、太平洋の方が圧倒的に多様性が高いのですが、これは鮮新世の末に大西洋で起こった大規模な絶滅が後を引いていると言われています。歴史的に気候が安定して絶滅という事件がなかったおかげで、熱帯では生物の存在し続けた期間が長くなりました。長ければその間に多くの種が分化してくるでしょう。たとえば北米のヌマガメの仲間では、種分化がはじまってからの時間が長い地域ほど種数の多いことが知られています。

以上、いろいろな説がありますが、どれか一つだけが正しいということではなく、それらが組み合わさって熱帯には多くの種がいるのだろうと考えられています。

それではいよいよ、熱帯雨林というきわめて生物多様性の高いバイオームについて具体的に見ていくことにしましょう。

熱帯雨林の驚異

熱帯雨林が発達するのは赤道沿いの雨の多い地域です。気温が年平均二六度以上、年に一〇〇〇ミリ以上雨の降る場所であり、中南米、東南アジア、アフリカに大きな熱帯雨林が見られます。最大のものは中南米で面積は約四〇〇万平方キロメートル。次が東南アジアで約二五〇万平方キロメートル、アフリカは約一八〇万平方キロメートル。

熱帯雨林の生物多様性はものすごく、陸地の六パーセントを覆っているにすぎないのですが、全生物種の半分以上がここにいます。われわれの仲間である霊長類に限れば、なんと九割が熱帯雨林の生活者です。歴史を振り返れば、植物種と動物種の半数以上が熱帯雨林で誕生したと考えられています。ちなみに東南アジアの熱帯雨林は面積でこそ中南米に負けますが、種の豊富さでは世界一。インドネシアやフィリピンには二万以上の島があり、島で独自の種が進化したため、固有種（そこの地域だけで見られる種）が多いからです。たとえばパプアニューギニアに見られる六七〇種の鳥類のうち、半数近くが固有種です。

階層構造

熱帯雨林の大きな特徴は樹木のつくり出す複雑な三次元的階層構造です。樹木のてっぺんは葉が生い茂り、冠のように木を覆っています。この部分が樹冠。森では個々の木の樹冠がつながって森全体をちょうど緑のテントのように包んでいますが、これを林冠と呼びます。熱帯雨林では三〇～四〇メートルの高木が並んで生えて林冠を形成しており、これが高木層。その林冠を突き抜けてもっと高い木（七〇メートルになることがある）が一本ぽつん、また離れてぽつんと突出していますが、これが突出木層。高木層の下には亜高木層、その下には人の背丈以下の低木層、さらにその下には草の層（草本層）と、五層の階層構造の見られるのが熱帯雨林です。温帯林は二〇～三〇メートルで二～三層ですから、熱帯雨林は高さがあるのみならず層の数も多く、その分、構造がずっと複雑になっています。熱帯のように一年中変わらずに強い光があると、たくさんの層をもつ階層が発達可能だと、理論的研究から言われています。

熱帯雨林においては、光は森の上の方で吸収されてしまい、下まではあまり届きません。そのため、どの層の木も、葉をなるべく高い位置につけようとするので、下の方は幹だけになり、枝が出て葉が茂るのは高いところのみになります。草本類もなんとか光の強いより高いところにいようというわけで、地面ではなく、木の幹の高い位置（約二〇メートル）から生える着生植物がたくさん見られます。ランやシダがこの代表です。これらは幹にくっついていますが、木から水や養分をもらうわけではなく、場所を借りているだけです。木の幹を伝わって上へと登るつる植物も熱帯雨林にはたくさん見られます。この場合も、下の方はつるだけで、葉は上方につけます。

光のほとんどは森の上層部で吸収され、また一部は反射されてしまい、地表面に届く光は森に降り注いだ光のわずか数パーセントのみ。光量不足で地面に草が生い茂ることはありません。温帯林では地表面は草と落ち葉で覆われていますが、熱帯雨林の場合、草も茂らず落ち葉もすぐに分解されてしまうので、地表面は土がむき出しになっています。

二〇〇〇万種いる!

熱帯雨林は複雑な三次元の階層構造をなし、それが多様な生物の住みかをつくり出して生物多様性を高めています。熱帯雨林の驚異的に高い生物多様性は、林冠部にいるすべての甲虫を燻蒸《くんじょう》して落として集めた調査から推測できます。たとえばアマゾンの熱帯雨林での調査結果では、こうして集めた甲虫で、これまでに記載されていた種はたったの四パーセントしかなく、あとはみな新種。その結果をもとに（かなりの丼勘定の仮定をおいて）概算すると、熱帯雨林には二〇〇〇万種が存在するということになりました。それまでに知られていた全生物種の一〇倍以上です。他の場所での調査結果をみても、昆虫だけで、熱帯雨林には既知の全生物の種数をはるかに上まわる種が存在するという結果が出ています。昆虫学者のエドワード・ウィルソンがペルーの熱帯雨林で調べたところ、一本の木に四三種のアリがいました。これはイギリス諸島全部のアリの種数に匹敵する数です。ショウジョウバエについては、バナナを餌にどれだけの種が集まってくるかを比べた研究がありますが、熱帯雨林では寒帯林の一〇倍の種が集まりました。熱帯雨林は他の地域より、種の数が桁違いに多いのです。樹木に関してもそうで、単位面積あたりの種数を温帯林と比べると熱帯雨林にはその一〇倍はあるという調査結果もあります。

ちょっと場所が違っただけで存在する種が違ってくるのも熱帯雨林の特徴の一つです。たとえば一つの地域でも山の上と谷底では違いますし、それほど環境が異なっているとは思えない場合でも、けっこう種に違いが出てきます。ですから大陸が異なればもちろん大きな違いが見られます。

東南アジアの熱帯雨林はフタバガキの森です。林冠を形成している樹木の八〜九割がフタバガキ科。ところがアフリカだとフタバガキはほんの少しで、中南米にいたっては、この大陸に分布していることがわかっているフタバガキの仲間はたったの一種です。こういう違いは、人間が熱帯雨林を利用する目的の違いにも反映されています。フタバガキは背丈も高く幹がまっすぐで、ラワン材として建築用に多用され、利用価値の高い樹種です。東南アジアの熱帯雨林でとくに林業がさかんなのは、フタバガキが多いことによります。

熱帯雨林のバイオマスはきわめて大きく、このことが種の多さに反映されています。では、一種あたりの個体数も多いのかというと、これは逆に少ないのが熱帯雨林の特徴です。この特徴もバイオマスが大きいことに由来することが、理論的に説明可能です。種がものすごく多いのに個体数が少ないため、同じ種は離ればなれにポツンポツンとしか分布していません。これは自力で移動できない植物にとって、受粉をどうするかという深刻な問題を引き起こします。

そこで登場するのが送粉共生という共生現象です。では次の節で、多様な生物たちの間の共生について見ていくことにしましょう。

熱帯雨林での共生関係

熱帯雨林は被子植物の森です。被子植物は顕花植物とも呼ばれ、目立つ花をつけます。目立つきれいな花を咲かせて昆虫にアピールして受粉してもらい、結実したらその実を鳥やサルやコウモリなどに食べてもらって、中の種子を（糞をするというような形で）広い範囲にばらまいてもらいます。多様な被子植物があり、その花から蜜や花粉をもらう多様な昆虫がおり、また果実をもらう多様な鳥や哺乳類がいます。そのために生物多様性がきわめて高くなっているのです。

異なる二種の生物が同じ場所に生活することが共生です。二種ともに共生から利益を得ているなら相利共生、一方のみが利益を得れば片利共生と呼びます。被子植物と昆虫の間には送粉共生、被子植物と鳥や哺乳類の間には種子散布共生という、相利共生関係が見られます。これらは植物の繁殖にかかわるものであり、繁殖共生としてまとめられます。この他にも、植物が栄養塩を受け取り、その報酬として光合成産物を相手に与える栄養共生、動物に食われにくくするために植物がアリをガードマンとして雇う被食共生など、熱帯雨林の樹木はさまざまな共生関係のおかげをこうむって暮らしています。熱帯雨林における生物多様性を生み出す大きな原因が共生関係ですので、これについて詳しく見ていくことにしましょう。

送粉共生

熱帯雨林においてはとくに送粉共生が重要です。植物の大半が動物により花粉を運んでもらっているからです。熱帯雨林では同一種の植物はまばらに離れて存在していますから、風でめったやたらに花粉を飛ばしても受粉する確率は高くありません。それに、林の内部は植物が茂っていますから風も弱く、さらにまわりがじゃまになり、花粉は遠くまで届きにくいものです。そこで昆虫に頼むことになりますが、どの花にでも訪れる昆虫では、近場の花だけで満腹してしまい、自分と同じ種の花が咲いているほど遠くへは飛んでいってくれないでしょう。自分の仲間の花を好んで訪れてくれる昆虫と共生関係を結ぶのは、受粉の効率を上げる上で意味のあることです。

植物と送粉者との対応関係では、①動物を特定せず、どれでもいいから受粉してもらうジェネラリスト、②ある動物群にのみ受粉を特定するもの、③一種から数種の動物に限定して頼むスペシャリストと、いろいろあります。ジェネラリストは小形で目立たない花をつけ、虫に与える報酬は少なく、そのため送粉の効率が悪くて結実率はきわめてばらつきます。送粉者を特定するスペシャリストほど花に特殊化が見られ、結実率が上がります。たとえばチョウの仲間に送粉を頼む花は、細長い管状の形をしています。細長い花は、チョウのような長い吻《ふん》をもつものでないと花の底近くにある蜜を吸えません。花の色は赤やオレンジ。夜にガが訪れる花は匂いが強く、クリーム色のものが多く見られます。

植物と送粉昆虫の種が一対一に定まり、花が昆虫向けに特殊化し、昆虫の側もまたそれに合わせて特殊化した例にイチジクとイチジクコバチがあります。特殊化がここまで進むのかというよい例ですので見ておくことにしましょう。

イチジクとイチジクコバチ

イチジクコバチは一～二ミリほどの小さなハチです。イチジク属は温帯にもありますが、熱帯に多くの種が分布し、この果実は熱帯雨林の動物たちにとって貴重な食物になっています。沖縄でよくみかけるアコウやガジュマルもこの仲間です。イチジクは種ごとに、異なった種のコバチに受粉を頼っています。

無花果《いちじく》と書くように、花があるようには見えません。それでも実ができます。じつは果実に見える食べる部分は花嚢《かのう》と呼ばれる部分で、たくさんの花が並んだ花序《かじょ》なのです。花嚢は口を閉じた壺の内表面に花が敷き詰められているようなもので、花は壺の中。外からは見えないため、花がないように思えるのです。花には雄花と雌花があり、これらがずらりと花嚢内に並んでいます。壺の内側から眺めると、花の先端部が敷石のように隙間無く並んで壁をつくっているように見えます。花が咲くと壺の入口が少しだけ開きます。開くといってもそれはジグザグの細い迷路のようになっていて、ここを通り抜けられる頭の形をしたもの、すなわちイチジクコバチ以外は通れません。よそで花粉を身につけてきた雌のコバチがここから入り、雌花を受粉させるとともに、その花のめしべの先から産卵管を差し込んで花の底にある子房に卵を産み付けます。受粉した雌花は種子を稔《みの》らせますが、孵化《ふか》したコバチの子はそれを食べて育ちます。

　これでは受粉してもらっても元も子もないのですが、そこはうまくできています。コバチは花嚢内の雌花につぎつぎと卵を産みますが、雌花にはめしべの長いもの（通常の雌花）と短いもの（虫えい花と呼ばれるもの）の二種類があります。通常の雌花ではコバチの産卵管の長さが足りなくて子房まで届かず、卵を産み付けられません。だから稔った種子は食べられることはありません。食べられるのは短いめしべをもった虫えい花の種子だけです。結局、受粉をしてもらう返礼として、イチジクは一部の種子をコバチに提供しているわけです。一つの花嚢中で羽化したコバチの雌と雄はそこで受精し、雄は花嚢から外への出口をつくり、雌は花粉を身につけて雄のつくった出口から外へ出て、匂いを頼りに別個体の花嚢へと飛んでいきます。雄には羽がなく、花嚢から出てもアリなどに食われてしまいます。

　このように、ある特定の動物だけに送粉してもらうようにと、被子植物には花の色や形や匂いなどを特殊化させるものが出てきました。そしてその変化に対応して昆虫の方も、その花からより効率的に蜜や花粉を集められるようにと変化しました。別種の生物が互いに影響し合いながら進化していくのが「共進化」です。被子植物と昆虫の共進化により、生物多様性が高まっていったのです。

種子散布共生

植物は動けません。だから花粉を運ぶのを風や動物に頼るのですが、稔った種子をばらまくのにも、何らかの力を頼まねばなりません。種子をバネの力を使って自分で弾いたり、重力によって種子を落としてころころ転げさせるというやり方もありますが、それほど遠くには届きません。花粉の時のように風を頼るものもいますが（たとえばタンポポの綿毛やカエデのような翼をもった種子）、ここで考えねばならないのは重さの違いです。花粉は遺伝子だけを含んでいれば済むので軽く小さくできますが、種子の方は、子に、それなりの大きさに育つための栄養をもたせてやる必要があり、どうしても重く大きくなります。風で飛ばすには軽くする必要があり、それではもたせてやる養分が少なくなって子がきちんと育つ確率が下がります。重い種子を運んでもらおうとすると、風よりは動物、それも、より重いものを運べる大形の動物が良いということになりますね。そこで花粉という軽いものは昆虫に、種子の方は鳥や哺乳類にと、運び手の使い分けが生じます。

種子散布における動物への頼り方には三つのパターンがあります。①種子が動物の体にくっついて運ばれるもの。②種子を餌とする動物に運ばれて、たまたま食べ残されるもの。齧歯類《げっし》（ネズミやリスの仲間）などは種子を集めてきて蓄える習性がありますが、蓄えたものを食べ忘れてしまうことがあり、おかげで運ばれた先で種子が発芽できることになります。③果実を動物が食べて中の種子を糞として排泄するもの。これは周食型散布と呼ばれ、このやり方が主なものです。

周食型散布

熱帯雨林では種子散布を鳥や哺乳類に依存している植物が多く見られます。熱帯雨林の複雑な三次元空間を自在に移動できる大形の動物は枝を渡るサルか、飛ぶものたち（コウモリと鳥）であり、彼らの多くは果実を食べます。果実を主食としている動物は、哺乳類でも鳥でも全体の半数を占め（科のレベルでみた場合）、果実以外のものにも手を出すものを含めれば、熱帯雨林に住むほとんどの鳥やけものが果実を餌として利用しています。そしてこれらの動物が種子を散布する主役です。

果実を食べさせるとは、種子の周りの果肉を食べさせるわけで、だから周食型散布と呼ばれます。このタイプの果実は、熟すると赤・オレンジ・黄色・黒などの目立つ色になり、果肉はおいしく（つまり糖分が高くタンパク質のうまみがあって栄養価が高く）、まさにサルや鳥を誘っています。熟する前は緑色で葉にまぎれ、毒や苦みのあることが多いのは、青梅が身近な例でしょう。青梅にはアミグダリンが含まれており、これは消化されると猛毒の青酸が発生します。こんなふうにして種子が十分にできるまでは食べられないようにしているのです。また熟した果実でも、果肉は甘いけれど種子は渋かったり毒をもつことが多く(ウメをはじめモモやビワなどバラ科の種子にはアミグダリンが含まれています。ただし大量に食べなければ、われわれの場合は大丈夫)、また種子は非常に堅くできていますが、これも、果肉だけ食べさせて種子は食べられないように、また動物の消化管を通っても種子が破壊されないようにとの配慮です。

果実や種子の長径と、それを食べる動物のサイズとの間には一定の関係が見られます。口が小さければかぶりつくのも困難ですし、腸が細ければ種が詰まってしまいます。結局大きな果実は大きな動物が食べて種子を散布することになります。もちろん大きい動物は小さい果実を食べることも可能ですが、そんなちまちましたものを集めてまわっていたら手間ばかりかかり、大きな体を維持するだけの量を得られません。果実のサイズと食べる動物のサイズはほぼ対応します。ちなみにアフリカには子どもの頭より大きい果実があり、これはゾウが種子散布するのだそうです。

サルの仲間の多くは熱帯雨林に住んでいます。サルの祖先は昆虫を食べていたのですが、葉や果実も食うようになって、今の繁栄へとつながりました。熱帯雨林がサルを育てたのであり、われわれの祖先も育てられました。今でもわれわれに一番近い類人猿たち(チンパンジー、ボノボ、ゴリラ、オランウータン)は熱帯雨林に住み、おもに果実を食べています(虫も食べますが)。そうした仲間の中から人類の祖先は森を出て二本足で草原を歩くようになりました。サルのもつ(それゆえわれわれももっている)立体視のできるすぐれた眼は枝から枝へと跳び移る上での適応でしょうし、器用な手は枝を握り果実をつかむ上での適応でしょう。器用な手が脳の発達をうながしたのかもしれません。われわれの原型は、熱帯雨林における被子植物との種子散布共生により形づくられたとも言えるのです。

植物は食われにくくする手段をもっている

植物は動きません。そして陽当たりの良いところにいる、つまり隠れていません。逃げも隠れもしないのですから、たちまち動物たちに食い尽くされてしまいそうなものですが、そんなことはありません。動物に食べられてしまう葉の面積は、一年で平均してほぼ一割。残り九割は食われることなく世界を緑で覆っています。植物は食われにくいのです。

食われにくくするやり方は、おもに三つあります。①物理的防御（刺や硬い殻で身を守る）、②化学的防御（毒で身を守る）、③被食共生による防御（共生している動物に守ってもらう）です。

①物理的防御

そもそも植物の細胞は細胞壁という硬い箱の中に入っており、この箱は嚙み砕くのが困難なものです。箱をつくっているのはセルロースの繊維です。これはわれわれが衣服として重宝しているほど丈夫であり、またこれを消化できる動物はほとんどいません。さらに細胞と細胞とはリグニンという高分子で貼り合わされており、このリグニンはセルロースよりさらに消化しにくい材料です。ですから動物は、植物を食べるといっても、植物細胞を押しつぶしたり穴を開けたりしてその中身だけを食べることしかできません。これは手間がかかる上に、セルロースという、分解できればすぐれたエネルギー源になるものをみすみす捨てていることになります（ただし、ウシやシロアリのように、消化管の中に微生物を共生させ、それらにセルロースを消化してもらって植物を効率よく食べるものもいないわけではありませんが）。

セルロースやリグニン以外にも植物は身を守る手だてを備えています。刺を生やすのもその一つで、刺は比較的大型の動物への対策です。葉もよく見れば産毛のような毛がびっしりと生えていることも多いのですが、この産毛に見えるものも、昆虫の幼虫のような小さなものにとっては、切っ先を上に向けて短剣がずらりと並んでいるに等しい感じでしょう。

②化学的防御

化学物質による防御も広く見られます。アルカロイド、フェノール、青酸配糖体（青梅に含まれるアミグダリンもその一種）、タンニンなどの毒で身を守る植物がたくさんいます。特に熱帯は植物を食べる動物の種が多く、熱帯の植物の方が温帯に比べてたくさん食べられていそうですが、実際にはそうではありません。これは熱帯ほど植物がしっかり身を守っていることによるようです。熱帯雨林の植物は毒をもつものがほとんどです。われわれが山で採ってくる「山菜」は、ちょっとあくを抜けば食べられますが、こういうものは熱帯雨林にはほとんどありません。植物を食う動物の多くは昆虫です。植物の毒は神経を麻痺させるなどして、動物の生理を狂わせて被食を免れることができます。サルなど大形の哺乳類にも葉を食べるものがいますが、これらは体が大きいのでちょっと食べてもイチコロということはないため、サルたちは中毒しない程度に少量ずつ違う葉を食べ歩いて、毒をしのいでいるようです。

共進化的軍拡競争

昆虫はなにせ多様です。進化の過程で毒に耐性をもったり解毒作用を発達させたりする昆虫が出てきます。そのような能力を獲得した昆虫はその毒をもつ餌を独占でき、きわめて有利になります。そうはさせじと植物の方も新しい毒をもつものが進化してきます。これは新たな武器に対抗して新たな防衛手段が開発され、またその防衛手段を打ち破る新たな武器が開発されてと、どんどんエスカレートしていく軍拡競争にたとえられるものであり、「共進化的軍拡競争」と呼ばれています。

軍拡競争の過程で、きわめてしたたかなものも現れます。植物の毒にやられないだけではなく、その毒を体に蓄え、捕食者に食われない体に自己を改造するものまで出てきたのです。たとえば熱帯アメリカにいるドクチョウ科の仲間は、猛毒である青酸配糖体をもつトケイソウを食べて育ち、その毒を体に蓄えます。これは鳥に対しても毒であり、ドクチョウを口にした鳥はすぐに吐き出し、二度とドクチョウを襲わなくなります。そんなチョウが現れると、今度は無毒なチョウがドクチョウそっくりに擬態し、鳥をだまして捕食を免れるなどということも起こり、生物が生物の多様性を進化させています。

③被食共生——アリによる防御

動物による被食を避けるために動物を使って身を守るのも植物のとる一つの方法で、これが被食共生です。この主役はアリ。アリは熱帯では大繁栄しており、アマゾンの樹上に住む昆虫の総重量の半分はアリだそうです。植物は蜜を花の蜜腺から分泌しますが、花以外にも蜜を出す腺（花外蜜腺）をもち、これでアリを引き寄せます。アリは獰猛な捕食者ですから、アリのいるところには他の昆虫はこず、結局植物は被食を免れることができます。蜜の成分は糖。これを植物は光合成によってつくり出します。二酸化炭素と水とを原料に、太陽のエネルギーを使って糖を合成するのですが、熱帯雨林ではその三つともふんだんにありますから、糖はありあまるほどつくれ、だからこそ昆虫を送粉者やガードマンに気軽に傭《やと》えるのでしょう。

先ほどあげたイチジクコバチと共生しているイチジクも、アリをガードマンに傭っています。コバチの仲間は、もともと動物や植物に寄生するものであり、イチジクにも、花嚢の表面から長い産卵管をさしこんで卵をうみつける寄生性のコバチが訪れてきます。それを寄せつけないように、ガードマンを傭っているのです。イチジクは花嚢の表面から栄養を含んだ小さな粒を分泌し、これがアリへの報酬となります。イチジクコバチももともとはこのような寄生性のものだったのでしょう。それを上手にイチジクが利用するようになり、互いに相手がいなければ生きていけない深い関係になっていったのだと思われます。

栄養共生——植物と菌との共生

共生は植物と動物の間だけではありません。植物と菌類の間にも大切な共生があります。これは栄養に関する共生です。熱帯雨林は高温多湿ですから、植物の落葉・落枝や動物の遺体はすみやかに分解されてしまいます。熱帯雨林における有機物の分解速度は温帯の二倍です。そして遺体由来の養分はまわりにいるバクテリアや木々の根により、すみやかに吸収されます。そのため熱帯雨林の土壌中には窒素やリンという栄養塩類がいつも少なく、貧栄養の状態に置かれています。こうしてただでさえ貧栄養状態になりやすいのですが、さらに熱帯特有の赤土がこの状況に拍車を掛けます。赤は鉄酸化物の色です。地表の岩石が風化し、高温多湿の環境によって珪酸や塩基が洗い流されて鉄やアルミニウムを多く含んだ土壌が形成されました。鉄やアルミニウムがイオンの形でまわりに溶け出すので、赤土は酸性を呈します。植物は栄養塩を取り込むために根から有機酸などのさまざまな物質を分泌していますが、酸性土壌中ではこれらの分泌物の効きが悪く、根が栄養塩を取り込む効率が下がってしまいます。もともと栄養塩類の濃度が低い上に、さらにそれを吸収できる効率が下がるのですから大変です。熱帯の樹木は大きな体を養うだけの栄養塩類を、貧栄養の土壌中からなんとかかき集めねばなりません。

菌根菌

ここで出番になるのが菌根菌です。菌根とは、植物の根に菌類（菌根菌）が侵入してつくられる構造です。菌根菌には内生菌根菌と外生菌根菌がありますが、熱帯雨林で活躍するのは外生菌根菌の方で、これは担子菌（キノコの仲間）です。菌根菌の菌糸が植物の細い根のまわりをとりかこんで菌糸の厚い鞘《さや》をつくり、そこからまわりの土壌中へと菌糸が伸びていきます。また一部の菌糸は根の細胞と細胞の間にも入り込んでいます。広い範囲に張りめぐらされた菌糸がまわりの土壌から栄養塩類を徹底的に集め、それを植物に手渡します。そのみかえりに菌類は植物から光合成産物（糖類）を受け取ります。フタバガキ（東南アジアの熱帯雨林を代表する木）での実験では、外生菌根菌を感染させない場合には木の生長量が半減してしまいました。ただし菌根菌との共生は、かなり高くついているようです。外生菌根菌は温帯でもブナやマツの仲間と共生しているのですが、そこでの研究によると、菌根菌は光合成で植物がつくった糖の四分の一もの量を受け取っているそうです。

共生による多様化

以上、熱帯雨林での共生の例をみてきました。ランをはじめ熱帯には花びらが大きく色あざやかなものが多く、花の愛好者にはたまらない魅力があるのですが、それは昆虫や鳥という眼のよく利くものたちに向けて、私はここにいるよと宣伝するためであり、宣伝にかなりの投資をしていることを意味します。夜に来てくれるガには色ではなく匂いで宣伝します。受粉のための出費は蜜や花粉という相手に与える報酬としての食べ物だけではなく、宣伝費もかかっているのです。それだけの報酬を支払っても、子をたくさんつくる上で利益があるのです。菌根菌やアリへの食物の提供も同じことです。

ただし植物側はなるべく少ない報酬で動物に働いてもらえる方がよく、動物側は報酬の多い方がよいわけで、両者の利害が完全に一致しているわけではありません。たとえばなぜチョウが長い吻をもっているかは次のように説明されています。チョウにとっては花に着地したら簡単にさっと蜜を採取できると時間とエネルギーの節約になって効率が良いのですが、それでは花粉が虫の体に付着する機会が少なくなってしまいます。そこで植物側は花弁の一部（距《きょ》）を筒状にしてその底に蜜をためるように進化しました。こうすると、チョウがそこまで潜り込まねば蜜を集められず、潜り込む際に確実に花粉がチョウの体に付着します。でもいちいちそんな奥まで潜り込んでいたら時間がかかるから、チョウの方にも変化が起こり、吻がもっと長くなって潜り込まなくてもさっと蜜を吸えるように進化しました。すると花はより距を長くし、するとチョウは吻をさらに長くしてと、互いに利益を上げる競争を行い続け、そうして変わってきた結果が、今のチョウやガのきわめて長い吻と、それに送粉してもらう距の長い花なのだというのが、ダーウィン流の説明です。これも軍拡競争です。熱帯雨林やサンゴ礁では多くの相利共生関係が見られ、一見、助け合って生きているうるわしい関係で生物群集（コミュニティー）が出来上がっているようにも見えますが、「善意」だけで関係が維持されているわけではありません。

花と昆虫——一億年の戦略

種は異なる環境への適応を通して多様化してきました。運動器官の適応を見れば、陸なら歩くための脚、水なら泳ぐためのヒレ、空なら飛ぶための羽が進化してきました。ただし物理的環境は、それほど種類が多いわけではありません。運動する環境は陸・水・空の三つですし、気候は降水量が多いか少ないか、気温が高いか低いかなど、それなりに多様ではありますが、何百万という異なる物理的環境が区別できるというほどではないでしょう。適応の仕方も限られてきます。脚はどれでも細長い円柱形だし、ヒレも羽もどれも平たい形をしています。

ところが花というものは動物が相手です。相手の好みは千差万別。さらに動物は学習しますから、好みは容易に変わります。好みは物理的環境に比べ、よほど自由度の高いものです。生物間の好みを介して被子植物と昆虫は共進化してきました。だからこそこれほどまでに多様化したのでしょう。現在知られている被子植物は二五万種。全陸上植物の八割以上です。そして昆虫は全動物種の七割です。生物多様性の主役は昆虫と被子植物であり、これらにおけるものすごい多様性は物理的環境への適応もさることながら、相手の生物という生物的環境に合わせて生じてきたものだと考えられています。被子植物が登場して以来、約一億年。その間、陸上での多様化、とくに熱帯雨林での多様化の多くは相利共生によってもたらされました。

このように、共生は進化にとってきわめて重要な役割をはたします。二つの生物の間の関係が何世代も続けば、相互に利益が得られるように、自然選択によって、二つの生物間の関係がより強化されることも出てくるでしょう。共生しているものたちの間で、機能が重複している部分が、一方の生物から失われ、互いに相手がいなければ生きていけない共生へと発展する場合も出てきます。そしてついに、ミトコンドリアや葉緑体のように一体化するものまで現れたのです。私たちの細胞すべてがもっているミトコンドリアも、植物のすべてがもっていてその光合成のおかげで私たちが食べものを得ている葉緑体も、共生により生じたものです（第四章参照）。

では次章で、共生がきわめて大きな役割をはたしているサンゴ礁について見ていくことにしましょう。サンゴ礁は海のバイオームの中で一番生物多様性の高いものです。そしてその基礎が共生なのです。

第三章　サンゴ礁と生物多様性の危機

サンゴ礁の海は人生観を変える

　サンゴ礁の生物多様性の高さは、ちょっと潜れば実感できます。初めて潜った時のことは忘れられませんね。まわりはサンゴだらけ、魚だらけです。そして色がすごい。エメラルド色のガラスのような水。あくまでも透明なその水の中に、見渡す限り赤紫や青や褐色のサンゴの林がえんえんと連なっています。サンゴのまわりにはレモンイエロー、コバルトブルー、エメラルドグリーンと、メタリックに光り輝く色とりどりの魚たちが乱舞しています。そんな林に近づいてよく見れば、エビが白い触角を覗かせ、イバラカンザシゴカイが黄色や青や赤白まだらのカラフルなパラソルをひろげ、岩の間にはヒメジャコガイがきらめくブルーやグリーンのドレスの裾をちらちらと覗かせています。一抱えもあるハタゴイソギンチャクが白い触手をゆらめかせ、その中にはオレンジ色のクマノミがゆったりと浮いています。サンゴの林の間の砂地は、サンゴが砕けた真っ白な砂。白い砂の上には真っ黒なナマコがごろんごろんと転がっています。もう色の大洪水、そして生きものだらけなのです。信じられないくらいに美しい、こんな光景がこの世にあったのか、生きものの多様性ってこんなにすごいのか！　これを知らなかった今までの人生は、とても貧しいものだったと、心底思ってしまいましたね。

サンゴ礁には藻類がわさわさ生えていることはないのですが（後述）、藻類の目立つ一画がありました。これはクロソラスズメダイの畑です。魚が自分の食用に藻類を育てているのです。ここに近づけば、何しにきたと言わんばかりに、彼らにつつき出されてしまいます。すごいすごいと生きものたちに見とれていたのだけれど、そんな私は、逆に彼らに見られていたのですね。人間のやっていることを見ているものが、人間以外にも存在する。そう思うと、こっちの都合ばかりを考えて自然を操作するという、今の科学や工学のやり方に、ちょっとためらいを感じてしまいます。

サンゴ礁の海に潜ることにより、私たちはこんなにたくさんの生物たちと一緒に生きており、生物は多様性なのだ、そしてそれは価値あることなんだということが、体で理解できました。これはかけがえのない体験だったと思っています。人生観・生物観があの時から変わりました。生物多様性やその大切さを理解するには、実感を伴う体験がぜひとも必要です。アフリカの熱帯雨林で献身的な医療活動を行ったアルベルト・シュバイツァーは「世界の体験によって、世界とかかわりあうようになる」と言います（『わが生活と思想より』）。「生への畏敬」という理念は彼の人生観と倫理的世界観の根幹をなすものですが（終章二四一ページ）、これはカバの群れのあいだを舟で進んでいたときにひらめいたものだそうです。

造礁サンゴはクラゲの仲間

サンゴ礁をつくるのはサンゴです。イソギンチャクとごく近縁の動物で、イソギンチャクが、自分で石の家（殻）をつくって中に住んでいるのがサンゴだと思ってかまいません。殻をつくる本体をポリプと呼び、これはサンゴのものもイソギンチャクのものもそっくりです。磯巾着という名が示すように、ポリプは磯に住む巾着袋、つまり上が締まった袋状のものです。上面の真ん中に口があり、口のまわりに細長い指のような触手が多数伸び出ています。これを使って餌を捕まえて食べます。

サンゴは刺胞動物の仲間です。この仲間には他にクラゲやヒドラがいます。すべて刺胞という毒針を発射する装置をもっているのが特徴です。刺胞は〇・〇二〜〇・〇五ミリ程度で、触手の先端にたくさんあります。刺胞はごく小さなカプセル状のもので細胞の中に入っています。このカプセルの中に毒針が仕込まれており、餌になる動物プランクトンが近づいてくると、その匂いと振動を感じ、針が飛び出し、突き刺さって毒液を注入して仕留めます。

サンゴというと、宝石のサンゴを思い浮かべられるかもしれませんね。ここで問題にしているのはサンゴ礁をつくるサンゴ、つまり造礁サンゴです。同じサンゴと呼ばれていても、宝石のサンゴとはかなり違った仲間です。サンゴのポリプは中ががらんどうの袋状だと述べましたが、袋の内部は垂直な壁（隔壁）で仕切られています。仕切られ方がサンゴの仲間を大まかに分類するポイントです。口から中をのぞくと、仕切り板が放射状にまわりの壁へと伸びており、造礁サンゴやイソギンチャクではこの隔壁が六枚や六の倍数枚であり、六放サンゴ類と呼ばれます。宝石のサンゴの隔壁は八枚の八放サンゴ類で、かなり違った仲間です。絶滅したサンゴには、隔壁が四枚の四放サンゴや、仕切りが垂直ではなく水平の床板という板をもつ床板サンゴもいました。

サンゴの一生

サンゴ礁の「礁」とは水面に見え隠れする岩のこと。礁をつくる上で大切なのは石灰質の殻をつくる性質です。

サンゴは、一生のはじめから殻をもつわけではありません。卵と精子が海水中に放出され、それらが合体して受精卵となるところからサンゴの一生が始まります。卵は発生して西洋梨形のプラヌラ幼生となり、これはしばらく泳ぎ漂った後、海底に沈んで岩の上に付着し、変態して小さなポリプになります。そして初めて体のまわりに石灰質の殻を分泌します。こうしてサンゴの一個体（個虫と呼ぶ）ができます。造礁サンゴの特筆すべき点は、この一個体が無性生殖によりどんどん増えて、群体をつくるところです。体を二つに分裂させたり、体壁から芽が出たりして、それらが新たな個体に育っていきます。こうして無性生殖により増えた個体同士は体の一部がつながったままの群体を形成します。サンゴの個虫は死んでも石灰の殻が残り、その上を覆うように生き残った個虫が分裂して新たに個虫をつくりだし、そうして群体はどんどん成長していきます。

個虫の大きさは数ミリから一センチ程度ですが、群体は、大きなものでは何メートルにもなります。そのような群体が死ぬと、石灰質の殻はそれほど硬くはないためいったん砕け、それがウニや石灰藻（石灰を分泌する藻類）など、他の生物の殻と一緒に固められて強固な岩になります。そうしてできたのがサンゴ礁です。

サンゴの種が世界一たくさん見られるのは、フィリピンとインドネシアとニューギニアに囲まれた海域で、「サンゴ三角形」と呼ばれています（フィリピンとインドネシアは熱帯雨林においても種の豊富さが世界一でしたね）。沖縄はその三角形と黒潮で結ばれているため、亜熱帯にあるにもかかわらずサンゴのきわめて豊富な海域です。一三〇〇種の造礁サンゴが世界で知られていますが、その三分の一が沖縄でも見られます。

海のオアシス

サンゴ礁は「熱帯・亜熱帯の浅い海で、おもにサンゴのつくった石灰質の骨格が固められて形成された岩場」と定義されます。この定義には「熱帯」「浅い」「岩場」というキーワードが出てきますが、これらのキーワードから、サンゴ礁にはたくさんの生物が住めると予想できるでしょう。「熱帯」とは大寒波などが来ない安定した環境を意味します。そして「熱帯」も「浅い」も光量が多いから光合成がさかんで餌が豊富なことを意味します。「岩場」は波で流されることなく安定しており、とくにサンゴの岩は凸凹していますから隠れる場所が多く、また岩の上や岩陰や岩に開いた孔の中など、さまざまな生息環境を提供します。さまざまなタイプの安定した住みかがあり、餌が豊富で気候も温暖なら、多様な生物が住むことができるはずで、事実そうなのです。一方、サンゴ礁をとりまく外洋に目をやると、あまり生物がいません。生物のまれな大海に囲まれ、そこにだけたくさんの生物がいるのがサンゴ礁です。不毛な砂漠の真ん中にあるオアシスにたとえて、サンゴ礁を「海のオアシス」と呼んだりもします。

「不毛の海に豊饒のサンゴ礁」のふしぎ

外洋に生物が少ない原因は、熱帯域の海水中には窒素やリンという栄養塩類が少ないからです。窒素はタンパク質をつくるのに必要ですし、リンは核酸やATP（アデノシン三リン酸。エネルギーを蓄える物質）をつくる際に必須の元素です。肥料として「窒素・リン酸・カリ（カリウム）」を与えると植物はよく育つと学校で習いますね。海の場合、海水中にカリは豊富にあるので、問題になるのは窒素とリン。熱帯域の海にはこれらの栄養塩が不足しているため藻類が育たず、それを餌とする動物たちも当然少なくなるのです。

藻も植物プランクトンも見あたらない

栄養塩の少ない、つまり貧栄養の水は、外洋だけではなくサンゴ礁の中をも満たしています。

だったらサンゴ礁にだって生物が少ないはずですね。確かにサンゴ礁には藻類があまり見あたりません。北の海で見られるようなコンブやホンダワラのような大形の藻類は、サンゴ礁にはいません。これらは陸上の森林に対応するような海中林を形成し、きわめて生産力の高いものですが、それがサンゴ礁には見あたらないのです。もう一つ光合成する藻類として重要なものが植物プランクトンです。珪藻や渦鞭毛藻のような単細胞の藻類で、水中を漂って光合成しているものたちです。これらが少ないことは、サンゴ礁の水がガラスのように透明なことからも想像がつくでしょう。プランクトンのような小粒子がたくさん浮遊していたら、水が濁ってこんなに透明になるはずはありません。つまりサンゴ礁内には外洋と同様、光合成をする生物が見あたらないのです。だったらそれを食べる動物たちも育たないはずですね。それなのに水界バイオームの中で動物が一番たくさんいるのがサンゴ礁。とてもふしぎ、謎です。

サンゴの中にいた褐虫藻

この謎を解いたのが生物学者の川口四郎でした。一九四四年、第二次世界大戦さなかのことです。サンゴの体内には、褐色をした丸い小さな粒（直径〇・〇一ミリ）が多数入っており、ゾーザンテラと名づけられていました。これは褐色の小動物という意味のラテン語から作られた言葉で、直訳すれば「褐虫」です。川口はこのゾーザンテラをサンゴから取り出し、海水中で培養してみました。すると丸かった球状のゾーザンテラは変身し、体の外に鎧をかぶり、鞭毛を二本生やして泳ぎ出したのです。この形を見れば渦鞭毛藻という植物プランクトンであることがわかります。植物プランクトンがサンゴの体内に隠れていたのです。この知見をもとに藻類であることを強調して、ゾーザンテラを「褐虫藻」と訳しています。

褐虫藻はサンゴの細胞の中に住んでおり、そこで光合成をしています。多い場合にはサンゴのポリプの半分を占めるほどたくさん褐虫藻が入っていますから、サンゴは半分植物と言ってもいいものなのです（ここでは「植物」を光合成する多細胞生物の意味で使っています）。サンゴで満ち溢れているのがサンゴ礁ですから、サンゴ礁には植物が満ちみちていたのです。

褐虫藻との共生

これで、植物がいないのにどうしてサンゴ礁にはたくさん動物がいるのかという謎は解けました。でもまだ謎は残っています。そもそもサンゴ礁をはじめ熱帯の海の中には窒素やリンが少ないから植物が育たないと考えたのですが、じゃあなぜ褐虫藻はサンゴの中にそんなにたくさんいるのでしょう。窒素やリンは不足していないのでしょうか？

この問題を解決しているのが、褐虫藻とサンゴとの絶妙な共生関係なのです。

窒素とリンの提供源

サンゴは動物です。触手で動物プランクトンをつかまえて食べます。食べれば当然排泄物を出すことになりますが、排泄物は良い肥料です。窒素やリンがその中に含まれているからです(昔は人間の排泄物を下肥《しもごえ》として肥料に使っていました)。タンパク質や核酸はサンゴの細胞中で分解され、窒素やリンを含む簡単な化合物が生じます。この細胞の中でつくられた排泄物を、褐虫藻が直接その場でもらい受けます。もしもいったん体の外に出てしまったら海水で薄まってしまい、それをかき集めるにはエネルギーが必要になりますが、細胞の中で直接やりとりするのですから、いわば地産地消、無駄なく資源をリサイクルできます。これは究極のリサイクルと呼べるものでしょう(図4-1)。

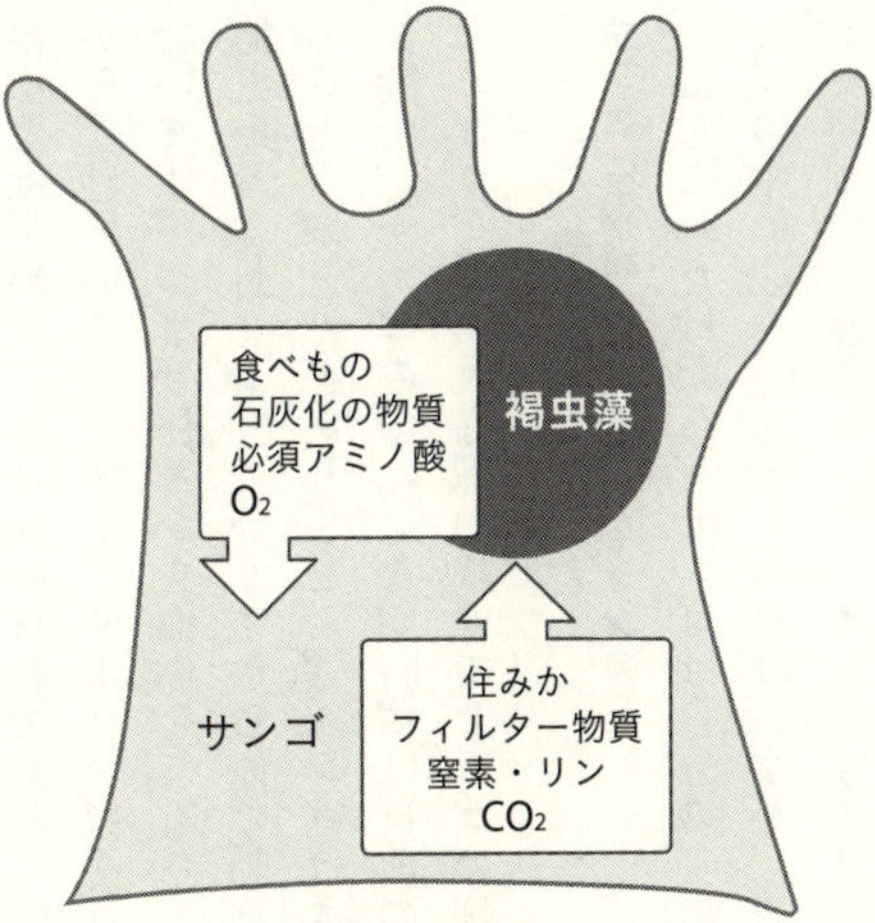

図4-1　サンゴと褐虫藻の相利共生

　褐虫藻はもう一つ究極のリサイクルを行っています。サンゴは呼吸します。つまり酸素を取り入れて二酸化炭素を排泄物として捨てます。褐虫藻はその捨てた二酸化炭素をその場でもらい受け、光合成に使うのです。もちろん二酸化炭素は海水中にも存在するのですが、褐虫藻がさかんに光合成をすると不足してきます。そこをサンゴからの排泄物をリサイクルするという形で補っているのです。

褐虫藻は肥料と、光合成の材料である二酸化炭素を提供してもらうという大サービスをサンゴから受けているのですが、サービスはそれだけに止まりません。褐虫藻はサンゴの体内に住んでいます。つまり住みかを提供してもらっているのです。サンゴは石の鎧を着込み、さらに刺胞という毒針をもっていますから他の動物に食われることはめったになく、波の力で破壊されることもほとんどありません。サンゴはきわめて安全な住みかなのです。褐虫藻は渦鞭毛藻の仲間で、サンゴの中にいない時には自前の鎧で身を守っていますが、そんなことをする必要はなくなり、まん丸な裸の状態でサンゴの細胞内に安心して入っていることができます。

サンゴは陽当たりの良いマンション

ただしこれだけなら、サンゴは自分の身の安全をはかっており、褐虫藻はたまたまそういうサンゴの中に住み込んでいるだけですが、そうではありません。サンゴは褐虫藻が住みやすいように特別の配慮を払っているのです。サンゴ礁の映像を見ると、木の枝のように枝分かれしたサンゴやハボタンのような形のサンゴなど、一見植物のような形のものがたくさんありますね。サンゴの群体の形がこうなっているのです。群体の形が植物に似ているのは、そのような形をしていると太陽光を受ける面積が広くなるからです。葉っぱが平たいのは同じ体積でも平たい方が表面積が大きくなるからであり、木が伸び出して先がたくさんの枝に分かれているのは、枝分かれした方が表面積が増えるし、幹が伸びて背丈が高くなった方が他のものの陰になりにくく、やはり太陽光を受け取りやすくなるからです。つまりサンゴはわざわざ光を受けやすい形に自分自身をつくり、中の褐虫藻にたっぷりと光を浴びさせ、光合成しやすくしているのです。

サンゴの配慮はさらに細かいところまで行き届いています。赤道上空ではオゾン層が薄いため、熱帯の強い太陽光には紫外線がたくさん含まれています。そのため紫外線で葉緑体が破壊されて光合成ができなくなる恐れがあるのですが、サンゴは紫外線をカットするフィルターをつくり、その下に褐虫藻を住まわせています。

結局、陽当たり良好で紫外線カットフィルター付きのサンルームを備えた堅牢な石造りのマンション（侵入者に対する武装も完備）をサンゴはわざわざ褐虫藻のために用意し、さらに肥料や二酸化炭素まで提供して、思う存分、褐虫藻に光合成をさせています。ここまで徹底してサンゴは面倒を見ているのです。では逆に、サンゴの方は、褐虫藻と共生して何か良いことがあるのでしょうか。

褐虫藻が提供する食べ物と酸素

大ありです。最大のメリットは食べ物をもらえること。褐虫藻が光合成によってせっせとつくり出したグリセリンなどの炭素化合物をたっぷりともらい受けます。そのためサンゴはエネルギー源としての食物は一切よそから調達する必要がありません。褐虫藻はさらに必須アミノ酸をくれますし、また、サンゴが炭酸カルシウムを沈着して石の家をつくる際に必要な物質もくれるようです（図4-1）。

おかげでサンゴは食う心配がほとんどなくなりました。さらに、排泄物は褐虫藻が処理してくれますからトイレに行く必要がなくなり、二酸化炭素も褐虫藻が処理してくれ、また同時に光合成で出てきた酸素をくれますから、サンゴは息をする必要もないという、「超らくちん生活」が可能になったのです。褐虫藻がどんどん食べ物をくれるので、そのエネルギーを使ってサンゴは石灰の家を建て増しすることに専念でき、サンゴ礁という、その上に人間が住むことができるような巨大な島をつくることまでできるのです。サンゴ礁は貧栄養の海です。だから貧しい生活しかできないはずなのに、サンゴと褐虫藻の共生による効率のよい資源のリサイクルのおかげで、これほどの大繁栄が可能になりました。

食物連鎖

サンゴと褐虫藻の相利共生は、さらにまわりの生物の繁栄をも導き、サンゴ礁を生物多様性のきわめて高い海にしています。その秘密はサンゴの粘液にあります。サンゴは大量の粘液を分泌し、それが他の生物の良い餌になるからです。サンゴは透明な粘液で体の表面をすっぽり覆っています。これは清潔と保護のためです。サンゴの上には砂粒などのゴミがたえず降り注いでくるし、サンゴの表面に付着する生物も出てくるので、放っておけばそれらで体表が覆われて光が遮られ、体内の褐虫藻の光合成に支障が出てしまいます。そうならないように体の表面に粘液の膜をはっておき、ゴミが積もって汚れてきたら脱ぎ捨て、また新しい膜をはり直すのです。粘液は、体の表面をきれいに保つこと以外に、サンゴの体を包んで守るという役目もはたします。異常な高温や低温、強い紫外線にあうとサンゴは大量に粘液を分泌しますし、大潮で干上がった時も粘液で身を包んで保湿に努めます。

粘液は炭水化物やタンパク質が連なった高分子でできていますからもともと栄養価が高く、さらに増えすぎたり死んだりした褐虫藻が粘液にからめられて放出されますし、まわりの有機物の粒子も粘液にからめとられていますから、きわめて良い食物になります。だから剝がれ落ちた粘液を食べて細菌が繁殖し、その細菌を餌にして動物プランクトンが増え、それを小魚やゴカイなどが食べ、さらにそれを大きな魚が食べてと、サンゴ礁の食物連鎖が続いて行くことになります（図4－2）。

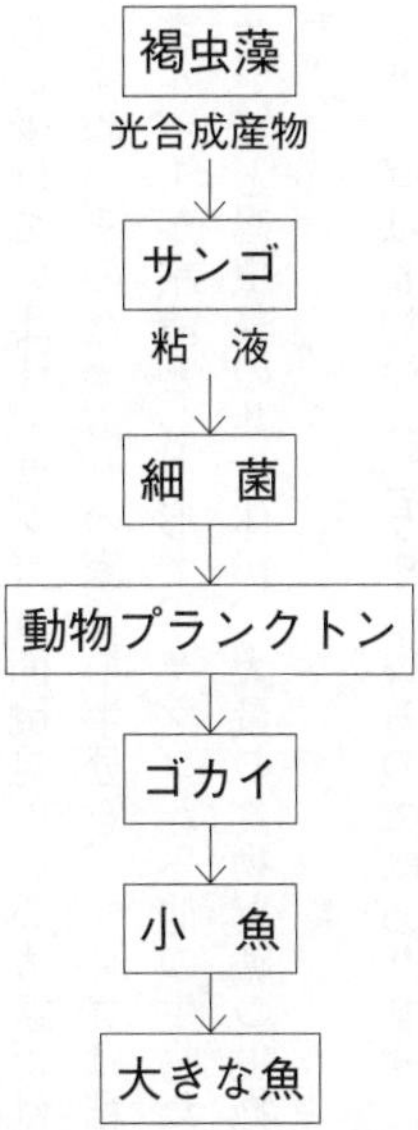

図4－2　サンゴ礁での食物連鎖

褐虫藻からサンゴ礁の生物たちへのエネルギーの流れを復習しておきましょう。褐虫藻が太陽の光エネルギーを用いて光合成し、食物という形の化学エネルギーにします。そのうちの、なんと約九割をサンゴはもらい受けています。サンゴは面倒見のいい大家だけれど、きわめて高額の家賃をとっているのですね。そのたっぷりの家賃の半分を、サンゴは粘液に費やします。つまりそれほど大量のエネルギーが粘液という形で、サンゴから他の生物たちの食べ物として流れ出て行きます。結局、サンゴと褐虫藻の共生体が、大量の食物を礁の生物たちに供給して養っていることになるのです。

サンゴは食物のみを与えているのではありません。礁の生物たちに良い住みかをも与えています。サンゴが石灰を分泌してつくる石の家は凸凹していて隠れる場所が多く、また、海が荒れても流されることもないため、安全で安定した住みかを提供します。また、いったんサンゴ群体が壊されて固められて礁になったものも凸凹した地形ですから同様です。さらに石灰岩は比較的軟らかく、また酸に溶けやすいため、孔を掘る生物たちも住み込むことができます。サンゴ礁の岩の中にはカイメンやホシムシや貝など、さまざまなものが住み込んでいます。

サンゴは良い住みかを与えてくれ、さらに食べ物も与えてくれるのですから、サンゴ礁には多様な動物が住み、生物多様性がこれほど高くなるのです。そしてその基礎になっているのがサンゴと褐虫藻の共生なのです。

サンゴとサンゴガニの共生

粘液を、サンゴの上で直接食べる魚やエビ・カニもいます。サンゴから剥がれ落ちる前に食べてしまうのです。その一つがサンゴガニですが、これが大変に面白い行動を示します。このカニはハナヤサイサンゴに住んでおり、ブラシ状に毛が生えた脚をもっていて、これで上手に粘液をこすりとって食べます。ハナヤサイサンゴは木の枝状のサンゴであり、枝の間にまで捕食者である魚が入り込めず、カニは安心して暮らしていけます。

サンゴガニは食物も住みかもサンゴから提供してもらっており、これだけだと単なる居候ですが、カニもいざという時には日頃の恩を返します。その機会とはオニヒトデが攻めてきた時です。オニヒトデは腕が約一五本もある大形のヒトデで、さしわたしが六〇センチメートルになることもあります。これがサンゴの天敵なのです。オニヒトデはサンゴの上にまたがり、体の中にしまってある胃を、口から反転して吐き出して胃の内側の面をサンゴに押しつけ、消化液を注ぎます。これではポリプが石の家にいくら引っ込んでいてもどうしようもありません。それになぜかサンゴの刺胞がオニヒトデには効かないのです。ポリプは溶かされ、ヒトデの胃から吸収されてしまいます。オニヒトデは時々大発生し、サンゴ礁に大打撃を与えます。

ところがサンゴガニが住んでいると、食われるのを免れるのです。カニはオニヒトデの接近を感知すると枝の間から出てきてハサミを振り上げ、待ち受けます。オニヒトデがのしかかってくると、ハサミで押し返したり、はさんで揺すぶったり、管足（ヒトデやウニがもっている多数の小さな足）を切り取ったりします。おかげでオニヒトデは逃げ出すことになります。サンゴガニの仲間は自身の縄張りをもち、そこに侵入してくるものを追い払う行動をもともと示すのですが、それがもとになって、こんな大家さんを守るという特別な行動が進化してきたと考えられています。

サンゴ礁と熱帯雨林の危機

熱帯雨林、続いてサンゴ礁と、生物多様性の高い双璧のバイオームについて見てきました。これら二つの共通点をまとめておきましょう。

熱帯雨林もサンゴ礁も、それを構成している主なメンバーである樹木やサンゴが、三次元的で複雑な構造をつくっています。複雑だからさまざまな生息場所を提供します。これらの構造は堅固であり、その構造に住みこんでいる他の生物たちの寿命より、遥かに長い期間存続します。だから空間的にも時間的にも安定した住みかを提供しているのです。そしてこの住みかを提供する構造が、同時に食物をも提供します。住居と食物の両方を提供することが、多様な生物が住む最大の原因でしょう。

熱帯雨林であれサンゴ礁であれ、生物多様性の高い場所は、温度や光や水がたっぷりとあり、物理的環境が制約条件になりにくいところです。だから多くのさまざまな生物がそこに住めるのですが、物理的環境が制約とはならないために、住んでいる生物間の関係の方がより重要になり、生物間の関係が、多様な生物を進化させる要因となっています。地球全体における生物多様性の主要な部分は熱帯雨林とサンゴ礁が担っているのですから、結局、生物間の関係が生物多様性の命運を握っているとも言えるのではないでしょうか。

しかし、熱帯雨林とサンゴ礁という、陸と海で最も生物多様性の高いバイオームが今、破壊されつつあります。生物間の関係が生物多様性の命運を握っていると申しましたが、まさに人間と他の生物との関係により、生物多様性が危機に陥っているのです。命運を握っているのは人間です。

消失する森林

熱帯林の場合、年々、日本の面積の四割に相当する森林が失われています。その結果、一八世紀末に存在した熱帯林の半分以上はもう消失してしまいました。かつては地球の陸域の一六パーセントを占めていたのですが、今では六パーセントしかありません。消失の原因は場所ごとに異なっており、複雑な要素がからんでいて単純化できませんが、主に、アジアでは木材生産、アフリカでは木材生産と焼畑農業、中南米では家畜放牧が原因だとされています。なにせ生物多様性の高い場所です。熱帯林が失われるとは、生物多様性も失われていくことを意味します。熱帯林の伐採により、一日に一〇〇種以上が絶滅していると言われています。

われわれ日本人が建築用木材やバナナを安く買えるのも、東南アジアの熱帯雨林を減少させたおかげですし、アメリカ人が安いハンバーガーを食べられるのも南米の熱帯林を牛の放牧場に変えたおかげです。だからといってバナナやハンバーガーを食べないようにしましょう、とは短絡できないところが難しいところです。なにせ現地の人たちの生活がかかっていることですから。熱帯雨林の問題には生物学的なこと以外に、ローカルやグローバルな経済が密接に関係してきます。とくにバナナのプランテーションやラワン材の生産には巨大多国籍企業が関係しています。さらにまた経済とからんで、ローカルやグローバルな政治も関わりがあります。さらに文化的なことや歴史的経緯も考えねばならず、とても一筋縄で解決できる話ではありません。生物学以外のことは、おおまかに南北問題としてまとめられるでしょうが、これは今の世界を支配している経済の構造が生み出したものです。その最たるものが世界規模の貧富の差で、これは容易には解決できません。

サンゴ礁の危機

サンゴ礁の方も大変です。今や世界中のサンゴ礁が危機的状況に陥っています。一九九六年の調査では世界のサンゴ礁のうち、健全なものはたったの三〇パーセント。ダメージを負ったものが二六パーセント、危機的状況が二四パーセント、そしてすでに破壊されてしまったものも二〇パーセントもありました。二〇一一年に再調査された結果ではさらに事態は悪化し、健全なものが三〇パーセントから二五パーセントへと減少してしまいました。世界のサンゴ礁の四分の一しかまともではなく、残りはダメかダメになりそうなのです。

海洋動物五〇万種のうち、じつに四分の一がサンゴ礁域に生息していると言われています。

海水魚に限れば種の三分の一がサンゴ礁の魚ですし、世界の漁獲高の一〇分の一がサンゴ礁域での水揚げで、これがサンゴ礁域に住む五億人の生活の重要な支えになっています。サンゴ礁がなくなるとは、たくさんの生物がいなくなること、すなわち生物多様性が減少することを意味します。

サンゴ礁破壊の原因

このように熱帯雨林でもサンゴ礁でも大規模な生物多様性の減少が起きているのですが、本章ではサンゴ礁の方にスポットライトを当てて、破壊の原因についてより詳しく見ていくことにします。ふだんよく取り上げられる熱帯雨林に関してではなくサンゴ礁を取り上げたのは、地球温暖化の影響が、サンゴ礁においてきわめてはっきりと表れるからです。

サンゴ礁には、現代社会にとって重要なキーワードがいろいろと登場します。環境問題のキーワードとしては、生物多様性の減少や温暖化。政治的なキーワードとしては南北問題。われわれの生き方に関わるキーワードとしては共生やリサイクル。じつにさまざまな重大事項が関わってくるのがサンゴ礁です。深刻なサンゴ礁破壊の原因は、ほとんどが人間の活動です。

人口増加の圧力

自国にサンゴ礁をもつ国は八〇もありますが、そのうちの四分の三は発展途上国です。そのようなサンゴ礁の島々でも世界の他の発展途上地域同様、人口が増えており、生活の欧米化も進んでいます。他地域との交流もさかんになり、貿易量も観光客の数も増えれば、当然、大型の船が着ける港が欲しい、飛行場が欲しいという強い要求が出てきます。狭い島で飛行場を造るとすればサンゴ礁の浅瀬を埋め立てるしかありません。港湾施設を造れば、これまたサンゴ礁を壊すことになります。たんに壊すだけではありません。大規模に海底を掘り起こしたり埋め立てたりした場所は、工事が終わった後も、海が荒れると海底の泥が舞い上がって濁りやすく、そんなところでは光量不足でサンゴは育ちません。工事後何年たってもあたりにはサンゴ礁が回復しないという事態が、ごくふつうに見られています。

陸からの流入による海の富栄養化

人口増加に対応するために、島の森を切り拓いて畑や住宅地にすると、今まで緑に覆われていた地面がむき出しになり、あの激しい熱帯のスコールが来れば表土が海へと流されて行くことになります。パイナップル畑から流れ出た赤土が、赤い濁り水として沖へと流れて行くのは、沖縄でもよく目にします。こうして流れ出た土の粒子は海を濁らせ、またサンゴの上に降り積もり、ひどい場合にはサンゴを窒息させ、それほどではなくても褐虫藻に光を届きにくくします。畑の土と一緒に流れ出た農薬はサンゴをはじめサンゴ礁の動物たちに悪さをします。そしてもう一つ問題になるのが土と一緒に流れ出る肥料です。リンや窒素が海に流れ込みます。

宅地や工場を作れば、やはり表土は流れ出ます。そして当然、工場や住宅から排水が出るのですが、サンゴ礁の島々では排水処理がほとんど行われておらず、排水の八割以上はそのまま海に流れ込んでいるのが現状です。工場排水も生活排水もサンゴに悪影響を与える物質を含むことは多々あるでしょう。そして生活排水、とくに水洗トイレから出されるものは、農地の肥料同様、リンや窒素をたっぷり含む下肥として海に流れ込むことになります。

この栄養に富んだ排水が大問題なのです。サンゴ礁はもともとリンや窒素に乏しい貧栄養の海でした。そういうところでも生きられるように工夫したおかげで、サンゴと褐虫藻の共生体が大繁栄しているのです。ところが陸から栄養たっぷりの水が入り込めば、海は富栄養化します。こんな海なら、藻類もふつうに繁茂できます。サンゴは地道に石の家をつくっていきますから、一年に数ミリから数センチしか成長しません。成長のもっとも早いサンゴであるミドリイシでも、せいぜい枝が二〇センチ伸びる程度です。ところが藻類の生長はずっと早く、コンブなら二年で一〇メートルを超えますし、アオサなど一センチメートル四方のものがたった一週間で五センチメートル四方にもなります。そのため丈高く育った藻類の林の下で陰になったり、隣から伸び広がってきた藻類に表面を覆われたりして、サンゴは藻類に埋もれて光不足に陥るため、褐虫藻から栄養をもらえずに死んでしまいます。そうしてサンゴ礁の海は藻類の海へと様相を一変します。あれほどたくさんいた魚たちもいなくなります。藻類も魚たちに食べ物をくれるのですが、安定した多様な住みかを用意するという点では、サンゴの足下にも及ばないことがおそらく原因でしょう。

海の富栄養化は植物プランクトンの増殖をもうながします。植物プランクトンが増えれば海水は濁り、褐虫藻が光合成しにくい環境になります。ここでも排水による富栄養化はサンゴに悪影響を与えてしまうのです。

魚介類の乱獲

島の人口が増えれば漁業も盛んになり、どの島でも魚介類の採りすぎが問題になっています。一〇センチメートル以上の魚はもう見られなくなったという島がけっこう出てきてしまいました。食用だけではなく観賞用の熱帯魚としても、かなりの数が採られています。

魚の採りすぎは、魚だけの問題では済みません。サンゴ礁の海でも、じつは藻類はそれなりには生えてくるのですが、サンゴ礁には草食魚がたくさんいますから、目立つほど育つ前に皆、食べられてしまいます。ところが草食魚を採りすぎると藻類が繁茂しはじめてサンゴを覆い、この場合もまたサンゴ礁の海は藻類の海へと変わってしまいます。

こうならないように漁業規制を行おうとするのですが、なかなか管理がうまくいっていないのが現状です。地域によっては青酸カリのような毒物を使って漁をしたり、ダイナマイトを爆発させて魚を採るという乱暴な漁法がまだ行われています。毒物は魚のみならず他の無脊椎動物も根こそぎ殺してしまいますし、ダイナマイト（現在ではダイナマイトより取り扱いが簡単な硝酸アンモニウムを使用しています）はサンゴ礁そのものをも破壊するので大きな問題になっています。

オニヒトデによるサンゴ礁の破壊

先ほどサンゴの天敵であるオニヒトデに言及しました。オニヒトデは一九六〇年以前にはめったに見ることのできない動物でした。ところがそれ以降にはオニヒトデの大発生がインド洋や太平洋のさまざまなサンゴ礁で見られるようになったのです。一平方メートルあたり数十匹にもなる高密度のオニヒトデの群が、幅数メートルの帯状になってサンゴに群がります。一匹のオニヒトデが一日に食べるのは直径一四センチメートルほどのサンゴの部分ですが、これだけのオニヒトデが集まると、そのあたりにあるサンゴを（サンゴガニの住んでいるもの以外）食い尽くしてしまい、さらに先のサンゴへと向かいますから、オニヒトデの帯は一日に一メートルほどの速度で移動して行き、移動したあとにはサンゴの白い骨格が累々と横たわることになります。沖縄本島の場合、大発生は一九六九年、本島中部の西海岸より始まりました。オニヒトデの群れはゆっくりと南下して西海岸のサンゴを食い尽くし、さらに東海岸へと回って北上して、島を一〇年かけて一周し、食べるサンゴがなくなったところで大発生が終わったのです。

オニヒトデが大発生する原因はいろいろと議論されていますが、どうも陸からの栄養分の流入が関係するのは確かなようです。ここにはオニヒトデの幼生の発育がからんできます。オニヒトデの産卵は、沖縄の場合六〜七月。オニヒトデは雌雄異体で、雌は一匹で数千万個の卵を産みます。受精卵が幼生となり植物プランクトンを食べながら泳ぎ漂い、二〜五週間後に石灰藻（石灰を分泌する藻類の仲間）の上に着底して変態し、稚ヒトデとなります。稚ヒトデは石灰藻を食べながら成長し、八ミリほどになるとサンゴを食べるようになります。

雌のオニヒトデが産んだ卵のほとんどは親まで育つことはなく、途中で死んだり、動物プランクトンや魚などに食われてしまいます。サンゴもオニヒトデの幼生を触手で捕まえて食べます。でもこれだけ多数の子ができてくるのです。生き残って親になる確率がちょっとでも高まれば大発生という事態になるおそれがあります。陸からの栄養が供給されれば植物プランクトンが増え、オニヒトデの幼生の栄養状態が良くなって生き残る確率が高まるでしょう。乱獲で魚の数が減れば、当然オニヒトデの幼生を食べる稚魚の数も減りますから、幼生は捕食を免れるかもしれません。陸からの汚水等の影響でサンゴの体力が落ちれば、幼生を捕まえる能力も落ちてくるかもしれません。このような要因が重なってオニヒトデの大発生が起こっているとすれば、オニヒトデによるサンゴ礁の破壊も、じつは人間の活動によって間接的に破壊されていることになります。

サンゴの病気

サンゴの病気が近年増えているのですが、これにもサンゴの「体力低下」が関わっているのではと危惧されています。以前にはサンゴの病気など数種類しか知られていませんでした。ところが、この二〇年で、さまざまな病気が発見されるようになりました。研究が進んだからというだけではないようです。海水の汚染や（次に述べる）温暖化などの人為的圧力による、サンゴの体力低下のせいではないかと心配されているのです。

病気が人間の活動に起因することが明らかなのが白痘病《はくとう》です。サンゴ表面の生きた組織が壊れて下の白い骨格がむき出しになって白斑状に見えるのでこの名があります。これはセラチア菌によって起こる病気ですが、この菌はヒトや家畜の腸内細菌であり、本来海中にはいないものです。セラチア菌の中でもとくにヒトの腸に住むものがサンゴに悪さをします。白痘病は海水温が高いほど病状が悪化しますから、温暖化でサンゴの体力が落ちたところにヒトの屎尿《しにょう》が流れ込むという海洋汚染が加わり、人間活動からのダブルパンチを食らってサンゴが病気になってしまうのでしょう。

黒帯病《こくたい》はサンゴの代表的な病気です。一ミリ幅の黒い帯がサンゴ群体にできるのでこの名があります。黒帯の部分にはシアノバクテリアをはじめ硫黄塩還元細菌などのさまざまな細菌類が見られ、この細菌の集団が病気の原因です。これも富栄養化した海域で暑い季節に多く見られるため、やはり汚染と温暖化というダブルパンチが効いているのでしょう。

以上、サンゴ礁を破壊して生物多様性を失わせる原因として、開発と漁業、そしてそれに関係するであろうオニヒトデやサンゴの病気の問題を見てきました。結局これらは、その島に住んでいる人たちの地域的な問題です。解決は、その島ごとに行ってもらうことになります。生物多様性の減少が起これば、それは基本的には、その島の人たちの責任です。

ところがサンゴ礁の破壊には、このようなローカルな問題では片付かない世界規模の（グローバルな）事象も関わってきます。ここがサンゴ礁問題の難しいところです。

地球温暖化による「白化」

グローバルな問題とは地球温暖化です。これが「白化」によるサンゴ礁の破壊を引き起こしているのです。

サンゴと褐虫藻はきわめて巧妙な共生関係を結び、この共生の成功が、サンゴ礁という世界一生物多様性の高い生態系の基礎となっています。ところがこの共生関係が解除され、サンゴ体内から褐虫藻がいなくなってしまうのが白化です。褐虫藻という褐色の粒がたくさん入っているために、サンゴの基本色も褐色がかったものになっているのですが、それが皆抜けてしまうと下にある白い骨格が透けて見え、サンゴが白っぽくなります。だから白化なのです。

サンゴも褐虫藻も互いに相手から多大な利益を受けており、こんなすばらしい共生関係が解除されるなんてことが起きるのかしらと思うのですが、各種のストレスが原因で白化が起きてしまいます。たとえば、異常な高温や低温、海水の濃度が異常に薄まる、強すぎる光に当たり続ける、暗黒下に長期間置かれるなど、異常な環境でのストレスにより白化が起こります。白

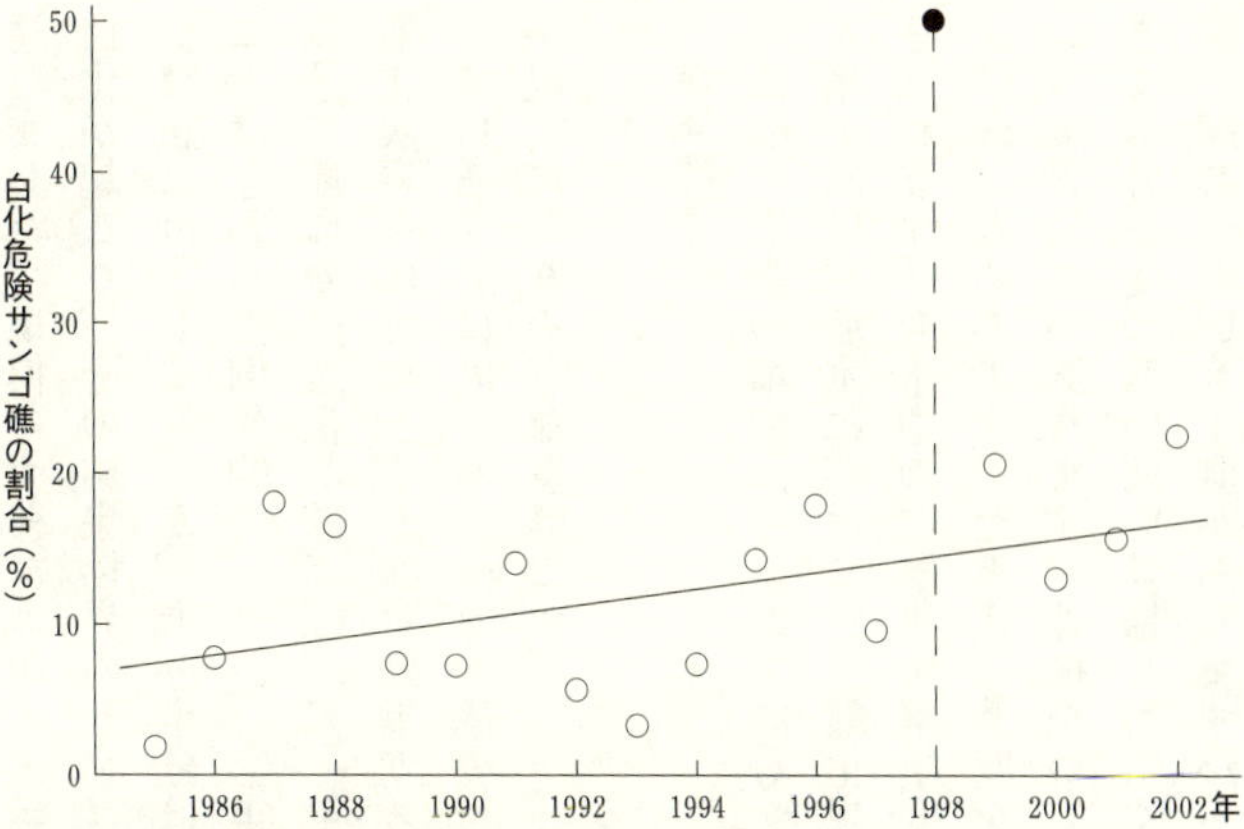

図4-3　年々あやうくなるサンゴ礁

化したサンゴは褐虫藻から栄養を得られないため弱っていき、白化が二ヶ月以上長引けば死んでしまいます。それ以前にストレスが取り除かれれば、サンゴは再び褐虫藻を獲得し、回復します。

白化が世界中で夏場に頻繁に起こり問題になっています。これは異常高温が原因です。通常の夏の最高水温より温度が一度高い日が積算して一ヶ月間続くと危険信号で、きわめて高い確率で白化が起こります。図4-3はこの危険レベルに達したサンゴ礁が世界のサンゴ礁の何パーセントかを示したものです。大規模な白化が見られるようになったのは一九八〇年代からであり、以降、毎年五~二〇パーセントのサンゴ礁が危険レベルに達しています。図中の点の回帰直線を引くと右肩上がりになり、年々あやういサンゴ礁が増えていることがわかります。点がかけはなれて一つだけ上にあるのが一九九八年。この年、なんと世界の半分のサンゴ礁が危険レベルに達しました。規模の大きなエルニーニョが起き、海水温が際立って高かった年です。大規模な白化が起こり、その結果世界のサンゴ礁の一六パーセントが破壊されてしまいました。その半分は後に回復しましたが、残り半分は破壊されたまま現在に至っています。一九九八年のできごとはきわめて例外的で、一〇〇〇年に一度あるかないかだと言われてはいるのですが、この調子で地球の温暖化が進めば、五〇年以内に再度起きるのではないかと心配されています。二酸化炭素をはじめとする温室効果ガスの大気中濃度が増えることにより、現在の温暖化が起こっていることは九〇パーセント確実だとされ、二酸化炭素濃度は今も増え続けています。心配が現実になりそうな事態です。

海洋酸性化

二酸化炭素の増加は白化以外にもサンゴに対して悪さを働きます。大気中の二酸化炭素濃度が増えれば、海水に溶けこむ二酸化炭素の量も増えて海水が酸性化するので「海洋酸性化」と呼ばれます。海水中の二酸化炭素濃度が高くなると、生物が石の骨格をつくりにくくなることが問題になるのです。たとえば濃度を二倍にすると、骨を形成する速度が一～四割低下するという実験結果があります。骨格をつくりにくければ成長が阻害されるでしょう。たとえ成長できても骨密度の低い弱い骨格しかつくれなくなり、温暖化によってハリケーンや台風がより頻繁に起こるという予測がありますから、たびかさなる暴風でサンゴは破壊し尽くされるかもしれません。

サンゴと褐虫藻の、デリケートな共生

それにしてもわずか一度海水温が高くなるだけで、サンゴと褐虫藻の共生関係が解除されるのです。互いに大いに利益を受けている類い稀《まれ》な関係が、たったこれだけのことで解除されてしまうなんて、ちょっと信じがたいことです。褐虫藻がいやだと言って逃げ出すのでしょうか、サンゴが褐虫藻を追い出すのでしょうか、それとも褐虫藻が死んでしまうのでしょうか。白化のメカニズムには諸説あり、研究が進みつつある最中です。

白化のメカニズムは不明なのですが、白化するという事実を通してはっきりとわかることがあります。生物の間の関係も、そして生物と環境との間の関係も、信じられないくらいデリケートだということです。

生物が関わってくると、私たちの想像を超えたことがしばしば起こります。水温がたった一度変わるだけで破滅的なことが起きました。逆に考えれば、そもそもサンゴと褐虫藻が共生したことにより、想像もできなかったような素晴らしい世界が出来上がってしまったのです。数字で表してみれば、サンゴという一と褐虫藻という一が足し合わされたら、二ではなく一〇〇〇〇という結果になったのです（桁違いにすごい結果になることを示すために仮に一万としておきますが）。その逆で、サンゴ礁に一万種の生物が存在していたとして、そこから褐虫藻を引い

たら、種が一〇〇〇〇−一＝一〇〇くらいになってしまうだろうというのが白化による破壊の結果です。つまり通常の算数が成り立たないのですね。生物多様性に関する問題では、種の多様性がより高い方が環境は安定するのだろうかなど、しばしば数理モデルを使って予測を立てるのですが、数理に頼るには通常の算数の成り立つことが大前提になります。でも生物が関わると、その前提が怪しくなるのです。ここが難しいところであり、注意の必要なところです（終章二七二ページ）。

今のペースで温暖化、海洋汚染、乱開発、魚介類の乱獲等が進めば二〇五〇年までにすべてのサンゴ礁が危機に陥るだろうと言われています。サンゴ礁が支えている世界一の生物多様性が、それだけ減少することになります。これは大問題です。サンゴ礁を保全しようという声が高まり、名古屋でのCOP10でも、「二〇一五年までに、気候変動又は海洋酸性化により影響を受けるサンゴ礁その他の脆弱な生態系について、その生態系を悪化させる複合的な人為的圧力を最小化し、その健全性と機能を維持する」という目標が掲げられました。

サンゴ礁を守る理由

なぜ生物多様性を守らねばならないかに関してはさまざまな意見があり、後ほどこの問題にふれることにします（終章）。ここでは、とりわけサンゴ礁を守らねばならないと私が思う理由を挙げておきましょう。

第一に挙げたい理由。たった一度温度が上昇するだけで、白化という、こんなにはっきりと目に見える形で変化が起こって生物多様性が激減する生態系は、サンゴ礁以外にありません。生物多様性に限らず、温暖化のモニターとしても、こんな感度のよい例はないのです。サンゴ礁を守れなければ、わたしたちは生物多様性にも地球温暖化にも有効な手を打っていないということが、きわめてはっきりします。サンゴ礁を守るという一線を死守できなければ、ずるずると生物多様性の減少も温暖化もとめどなく進んでいくおそれが大いにあるのです。サンゴ礁は危険信号検出装置としてきわめてすぐれているから保全しようというのが、第一の理由です。昔の炭坑では、坑道に入るときにカナリヤを携行したそうです。カナリヤは有毒ガスに敏感で、この鳥の鳴き声が止まったら危険信号だから引き返すべしという警報器として使っていたのです。サンゴ礁は環境問題のカナリヤです。海は青いからサンゴ礁は「青いカナリヤ」(ちなみに「青いカナリア」とは一九五〇年代のはやり歌で、歌手はダイナ・ショア、日本では雪村いづみがカバーしていました)。「地球温暖化阻止と生物多様性保全の象徴として『青いカナリヤ』サンゴ礁を守ろう!」というのは、なかなかいいスローガンだと思っています。

サンゴ礁が環境問題のきわめて感度のよいモニターになるのは、白化現象が起こることだけではありません。狭い小さなサンゴ礁の島ですから、人間活動の影響はすぐにはっきりと形になって表れます。工事によるサンゴ礁の破壊も、人口増加からくる森林の農地や宅地への転換や過度の漁業、排水問題、すべて即座にサンゴ礁の破壊という形で目に見えてきます。褐虫藻との共生がデリケートなため、環境汚染がたちまちサンゴの死滅につながるからです。感度がよいとは、サンゴと褐虫藻の共生関係が、汚染や温度ストレスにきわめて敏感なことに由来します。

別の敏感さもあるでしょう。環礁は海の上に少しだけ顔を出しているサンゴ礁の島です。海抜の低い島ですから、少しでも海面が上昇すれば水没する危険があります。温暖化によって極地の氷が解けたり、海温上昇で海水の体積が増したりして海水面が上昇すれば、すぐに問題が発生するでしょう。水没しやすいというこのわかりやすい指標が役に立つ事態に陥らないことを祈っています。

もう一つ、とりわけサンゴ礁を守らねばならないと私が主張したい理由は、サンゴ礁が共生とリサイクルのおかげで成り立っていることが明白な系だというところです。栄養が乏しいから豊かな生物相が見られないはずなのに、二つの全く異なる生物が共生することにより、資源の無駄のないリサイクルが可能になり、世界一豊かな生物相が出現したのです。これはとりわけ現代人にとって示唆に富む、自然からのメッセージですね。この狭くなり資源の限られてきた地球で、今後私たちが生き延びて行くためには、資源の上手なリサイクルは必要不可欠ですし、折り合いをつけあって互いに利のあるような付き合い方、つまりは共生を目指すこともやはり、不可欠に近いことでしょう。共生とリサイクルは現代人が生き残るキーワードだと思います。それをあざやかに目の前で実践してくれているのがサンゴ礁なのです。このお手本を大切にしないでどうするのかと言いたいのですね。とくに現代人は資源がたっぷりなければ豊かな生活はできないものだと頭から信じていますが、資源がそれほどではなくても、工夫によって豊かに暮らせるのだと、サンゴと褐虫藻が手本を示してくれているのです。「私たちの手本としてサンゴ礁を保全しよう！」というのも、なかなかのスローガンだと私は思っています。

第四章　進化による多様化の歴史

種がここまで多様化したのは進化の結果です。そこでこの章では進化と多様化の歴史を振り返ってみることにします。

地球は四六億年前に誕生しました。その地球に生命が誕生したのは、三五〜四〇億年前だと言われています。初期の地球には隕石がどんどん衝突してきて、そのため温度が高く、水は蒸発して海はなかったのですが、衝突が減って地球が冷えてくると、大気中の水蒸気が雨となって降り注ぎ、海ができました。この海の中で最初の生命が誕生したのです。放電や火山活動などで有機物質が合成され（宇宙から飛来したかもしれません）、それが海の中にたまっていき、タンパク質や核酸ができてきました。

細胞の誕生＝生物の誕生

そういう海水に溶けている高分子が自分のコピーを作れるようになり、そういうものがさらに、脂質の膜で自身を包み込んで、自己を外部の水から区別した時に、生物が誕生したとみなせるでしょう。「脂質の膜で包み込まれた高分子塩類溶液」といえば現在の細胞にも当てはまる特徴です。細胞は生物の体をつくり上げている基本単位ですが、それが成立したことが、生物の誕生と言えると思います。

細胞の代表的な特徴を挙げておきましょう。①活発な化学反応を行うこと。この主役が触媒として働く酵素タンパク質です。②化学反応の多くは水溶液中で行われること。細胞の中身の八五パーセントを占めているのは水です。③自己と同じものを複製し、そのための情報をもっていること。この情報の担い手が核酸です。④外部と膜により仕切られて独立性を保ちながら、膜を通して物質を外部とやりとりしていること（外部に対して閉じていながらも開いていること）。これらは細胞の特徴であるとともに、生物そのものの特徴でもあります。最初の生物は一個の細胞として誕生し、それがもっていた基本性質は、われわれにまでえんえん、四〇億年近くにわたって引き継がれてきました。

原核生物と真核生物

生物の体は細胞でできているのですが、生物の系統により、もっている細胞の種類が異なります。原核細胞をもつものと真核細胞をもつものとがいるのです。真核細胞とは、細胞の中の遺伝物質が膜（核膜）で包まれて、まとまった核という構造をとっているものです。体が真核細胞でできているのが「真核生物」。それに対して、核膜をもっていないのが原核細胞であり、それで体ができているのが「原核生物」です。体といっても原核生物の体は細胞一個そのものです。つまり原核生物は単細胞生物でもあります。

歴史的には、原核生物から真核生物が生じてきたと考えられています。原核生物がまず登場し、一〇〜二〇億年ほど原核生物だけの時代が続いたとも言われています（これには化石による確かな証拠はないようですが）。

原核生物には大別して二つの系統があります。古細菌と細菌（真正細菌やバクテリアとも呼ぶ）です。真核生物はどちらの系統から生まれたのでしょうか。

共生による真核生物の誕生

じつは古細菌と細菌のどちらも、真核生物の誕生に関係しています。古細菌の体内に細菌が入り込んで共生し、さらにそれらは一体化して、入り込んだ細菌の方はミトコンドリアという細胞小器官へと変化して真核生物が誕生したと考えられています。現在の真核生物は皆、細胞中にミトコンドリアをもっていますが、これは昔、細菌だったものです（ミトコンドリアは真核生物を特徴付けるものですが、ミトコンドリアの成立と、真核生物の定義である核膜の成立との間の関係は、まだわかっていません）。

なぜ古細菌と細菌の共生が起こったのでしょうか。その説明に水素仮説があります。この説では、古細菌の中に入り込んだのは細菌の一種のαプロテオバクテリアのようなもので、これは酸素を取り入れて水素と二酸化炭素を排出するものです。細菌を受け入れるホストとなったのは、メタン生産菌のような古細菌で、これは水素と二酸化炭素を取り込んでメタンを排出します。だからこの二つの生物が一緒になると、細菌が捨てた水素と二酸化炭素は、古細菌の餌となり、古細菌は大助かり。そこで共生関係が生じ、ついには一方が他方の細胞の一部になってしまったというのが、この説です。

こうして細菌と古細菌の共生から、真核生物の多様な世界がひろがり、その結果として私たち真核生物であるヒトが生まれてきたのです。こう見ると、まさに共生さまさまですね。そして共生が起こった背景には、多様な細菌と多様な古細菌が存在しており、そのおかげでうまく共生できるような出会いが生じたことがあるでしょう。だから、われわれがこうして存在できるのも、生物多様性のおかげなのです。多様性に感謝！

共生による葉緑体の誕生

異なる生物が細胞の中に入り込んで細胞小器官となったのは、この時だけではありません。真核生物が誕生した後にも再度起きました。シアノバクテリア（細菌の一種）が単細胞の真核生物に入り込んで、葉緑体という細胞小器官になったのです。だから植物の細胞の中には、ミトコンドリアと葉緑体という、少なくとも二種類の原核生物が入っていることになります。シアノバクテリアと単細胞真核生物との共生によって単細胞の藻類が誕生し、その系統から陸上植物が進化してきました。

藻類の場合はもっと複雑なことが起こります。単細胞の藻類が、ふたたび単細胞で葉緑体をもたない真核細胞の中へと入り込む、二次共生が起きました。こうして誕生したのが渦鞭毛藻や珪藻などの系統です。藻類の多様さの形成には、細胞内の共生が大きな役割を果たしたのです。

葉緑体のようにホストの細胞の一部になってしまうほど一体化してはいませんが、単細胞の真核生物で、自身の細胞の中に藻類を共生させているものは、有孔虫（星砂）やミドリゾウリムシなど、いろいろなものが存在しています。動物でも、細胞の中に藻類を共生させているものがおり（カイメン、ヒラムシ、ホヤなど）、その代表例であるサンゴについてはすでに述べました。

単細胞から多細胞へ

生物は進化の歴史の長い間、ずっと単細胞生物でした。最初のうちは原核細胞一個で体ができているものだけであり、次に真核細胞一個で体ができているものが登場しました。実は、原核細胞と真核細胞とでは、細胞の大きさに違いが見られます。原核細胞の直径は千分の一ミリほどですが、真核細胞はずっと大きく、直径が一〇倍程度、体積にすれば一〇〇〜一万倍も大きいのです。これは細胞のサイズが多様になったとも言えます。

細胞が大きくなることの利点は、新しい機能を増やせることです。新しい機能を獲得するには、その機能をはたす新たなタンパク質が必要ですが、新しいものが付け加わるのですから、それを入れるスペースが必要で、細胞（体）が大きくならないと、それができません。他に大きくなることの利点として、他の生物に食われにくくなることも挙げられるでしょう。小さいと飲み込まれてしまいますが、大きければその危険は少なくなります。

真核生物のサイズ

ただし真核生物は大きくなったとはいえ、まだ目に見えない小さな単細胞生物でした。大きさは〇・〇一〜〇・一ミリほど。じつは、細胞の大きさはその後の長い進化の歴史の中で、これ以上大きくなっていません。これには理由があります。この程度の大きさならば、細胞内の物質の輸送に問題が生じないからです。物質は熱運動により、特別なことをしなくても、濃度の高い方から低い方へと自然に移動していきます。これが「拡散」という現象です。大きさがこの程度だと細胞の表面から取り込んだ物質は、細胞の中心部までそれほど時間がかからず拡散により自然に運ばれていき、物の運搬にエネルギーは必要ありません。ところが細胞のサイズがこれ以上大きくなると、拡散で運んでいては時間がかかりすぎ、外からの物質の供給が消費に追いつかなくなってしまいます（拡散に必要な時間は、移動すべき距離の二乗に比例して長くなります）。もしもっと細胞が大きくなろうとしたら、細胞の中に特別な輸送系をつくって、物質を、積極的にエネルギーを使って運搬する必要があります。

大きくなると困ること

細胞のサイズが大きくなると、別の問題も生じてきます。球形の単細胞生物がいて、これが体（つまり細胞）の直径を二倍にしたとしましょう。すると球の表面積は、πd^2（dは直径）ですから、大きくなる前の四倍になり、体積の方は$\pi d^3/6$ですから八倍になります。とすると体積あたりの表面積は半減します。細胞の体積とは細胞質の量、つまり生きている部分の量です。そしてそれを養う食物は体の表面を通して入ってくるのですから食物供給量は表面積に比例します。つまり体が大きくなると、相対的に表面積が小さくなってしまい、ここでも体が大きくなると食物の供給が消費に追いつかなくなるおそれが出てくるのです。多細胞生物が進化したのは、これらの問題への対処だったと思われます。

原核生物は今もって単細胞のままです。中には細胞が連なって繊維のように細長い体になるものもいますが、細胞の間に情報のやりとりはなく、単なる細胞の集まりです。そうではない真の多細胞生物は真核生物でしか見られません。

多細胞化の利点

多細胞になると何か良いことがあるのでしょうか。一つの利点は細胞のサイズを変えずに、大きな体をつくれることです。多細胞にすると、細胞の並べ方に工夫をこらして、運搬や表面積の低下を回避しながら大きくなれるのです。たとえば中空のゴムボールみたいに細胞を表面にだけ並べて、中心部は何もなくすれば、すべての細胞は表面に接することになり、体を大きくしても、表面積の減少も、表面から中心へと輸送すべき距離の増大も、どちらの問題も生じません。最も原始的な多細胞動物であるカイメンや、その次ぐらいに原始的なサンゴの仲間（刺胞動物）は、こんな中空の体をしています。形を工夫することが、多細胞化によって可能になるのです。

私たち脊椎動物は表面積や運搬距離の問題を次のようにして解決しています。腸の内面にひだひだをつくって食物を取り込む表面を増やし、また肺の内面を無数の小さな袋状にして酸素を取り込む表面を増やし、さらに取り込んだものを体のすみずみにある細胞まで運んでいく循環系をつくって解決しているのです。ただしこうするには、腸の細胞、肺の細胞、血管の壁をつくる細胞、収縮して血を送る心臓の細胞、酸素をくっつけて運ぶ赤血球というように、違った種類の細胞がいろいろと必要になります。多細胞化すると、いくつもの特別な機能に特化した多様な細胞をもつことができ、これで生物の可能性が大きく広がりました。また（先程述べたように）細胞をさまざまな形に積み上げて多様な形をつくれ、形態的に環境に対して適応することが可能です。形のみならず、体のサイズも多様なものがつくれます。巨大な恐竜も、一〇〇メートルを超えるメタセコイアも多細胞生物です。細胞の多様化を伴う多細胞化が、ここまで多様な生物を進化させたのです。

多細胞化は、藻類と動物とで別々に起きました。藻類の場合は異なる系統において何度か独立して多細胞化が起き、その中の一つの系統から陸上植物が進化することになります。

多細胞動物、登場

多細胞動物は襟鞭毛虫類から進化してきました。襟鞭毛虫は水の中に住む単細胞の生物で、鞭毛という鞭《むち》のように波打って動く毛を一本もち、それを用いて流れを起こし、流れにのってきた細菌などを、鞭毛の根元をぐるりと取り囲んでいる襟のような構造物で濾《こ》し取って食べています。カイメンは最も原始的な多細胞動物ですが、これは襟鞭毛虫が集まったようなものです。カイメンは袋のような形をしており、袋の壁の内面に、襟鞭毛虫そっくりの襟細胞がずらりと並んでいます。たくさんの襟細胞が協力して水流を起こせば、より多くの餌がとれるようになり、これが多細胞化の良いところでしょう。

大形化

多細胞化して大形になる道が開けたとはいえ、初期の多細胞生物は最大のものでも長さ数十センチのヒモ状のものでした。ところが先カンブリア時代の末期のエディアカラ紀（約六億～約五億四一〇〇万年前のもの）になると、突如として数メートルクラスのものが登場します。これにはその直前に、大気や海水中の酸素濃度が上がったことが関係していると考えられています。高い酸素濃度のおかげで、酸素呼吸ができるようになり、酸素を使わないそれまでの方法に比べて、格段に多くのエネルギーを食物から取り出せるようになりました。エネルギーを豊富に使えれば、大きな体を維持することができるでしょう。

エネルギーが豊富に使えることは、別の点でも体の大形化に寄与したようです。多数の細胞を積み上げて体を大きくするには、細胞と細胞とをしっかりと貼り合わせ、全体の形がくずれないようにする物質が必要です。動物の場合、その役割を担っているのがコラーゲンというタンパク質です。コラーゲンは丈夫な繊維であり、これが織り合わさってしっかりとした基底膜というシートをつくり、このシート上に細胞たちは固定されています。またコラーゲンは軟骨や腱の主成分であり、骨と骨とを結び合わせて骨格系をつくり、体全体の姿勢を保つ役目も果たしています。さらに、コラーゲンは体を包んでいる皮膚の主成分でもあります。皮膚という丈夫でしなやかな覆いで包まれているからこそ、体を動かして運動できるし、そんなに動かしても体がばらばらにならずに済んでいるのです。コラーゲンは動物の体の中で一番多量にあるタンパク質で、全タンパクの三分の一を占めています。きわめて重要なものなのですが、コラーゲンを合成するには大量のエネルギーが必要です。酸素呼吸により、より多くのエネルギーが得られるようになり、それがコラーゲン合成を可能にし、ひいては体の大形化が可能になったのではないかと想像されています。

カンブリア紀大爆発

地球の歴史は岩石に刻まれており、それをもとに地質年代が決められてきました。地質年代は大別すると先カンブリア時代と、カンブリア紀以降に分けられます。つまりカンブリア紀のはじまり（約五億四一〇〇万年前）に、地球の歴史を二分するほどの画期的なことが起こったということです。

じつはカンブリア紀になって、化石記録が急に豊富になったのです。それまでは顕微鏡を使わなければ見えない化石ばかりでした。エディアカラ生物群のように目に見える化石もわずかに出ることは出るのですが、それらは今いる生物とは似ても似つかないもの。ところがカンブリア紀に入ると、目に見える大きさの化石がたくさん見いだされ、そのうちのかなりのものは、われわれになじみのある生物によく似ているのです。カンブリア紀に現生の生物たちの祖先が一斉に登場し、生物多様性が突如増加しました。あまりにも突然に多くのものが登場したため、この現象は「カンブリア紀大爆発」と呼ばれています。

骨格説

なぜ爆発が起こったかについては（そもそも大爆発なんかなかったという説も含めて）いろいろな説があります。まだ定説として認められたものはないのですが、それなりに支持されているのが骨格説です。①カンブリア紀の少し前から骨格をもつものが現れはじめたこと、②カンブリア紀の多様な動物たちは骨格を発達させていたこと、という化石上の二つの事実に基づいた説です。骨格をもつことにより、さまざまな生き方の選択が可能になり、その結果、多様な動物が登場したというのがこの説です。そう考えたくなるほど、動物にとって骨格は重要なものなのです。そこでここでは骨格系の重要性を説明しておきます（ここで挙げる重要性の個々のものすべてが、大爆発と直接関係があったかどうかは吟味する必要がありますが）。

骨格の強み

骨格とは、骨などの硬い要素が組み合わさってできた構造で、体を支えたり、体を保護したりしています。私たちの場合だと、背骨や骨盤や足の骨がしっかりと体重を支え、また、頭蓋骨が脳をすっぽり覆って保護してくれています。高層ビルは、鉄骨の骨組みというしっかりした構造があるからこそ、建物の重さにも風の力にも地震にも耐えられるのですが、動物においても骨格系の登場により、体をより大きくできるようになりました。大きさに多様性をもたせられるようになったのです。また、堅固な体のおかげで、強い流れのある場所や激しく波の打ち寄せる波打ち際などにも住めるようになり、住み場所が広がって、新たな場所に適応した新たな生物たちもどんどん登場していったのでしょう。

捕食者への道

特筆すべきは、歯や、歯を備えた顎をもてるようになったことです。それまでは丸呑みするか吸い込むか、体の外に消化酵素を出して溶かして吸収するか、そんな食べ方しかできなかったでしょうが、食いちぎったり噛みくだいて食べられるようになったのです。また、骨があれば、鋏《はさみ》のような付属肢をつくって餌を切り取ったり、爪を生やしてそれで突き刺して獲物をつかまえたり切り裂いたりして食べることも可能になります。さまざまな方法を用いて他の生物を襲って食べる、捕食者への道が開けたのです。カンブリア紀最強の捕食者だったと言われているアノマロカリスは、体長が二メートルにも達するものがおり、その口には、歯が重なり合って放射状に並んだ、ちょうど輪切りのパイナップルのような形をしていて開閉する構造が備わっていました。口の両脇には、先端がかぎ爪状になった触手があり、この爪で獲物を捕らえて口に押し込み、かじって食べていたようです。

身を守れるようになる

骨格は強力な捕食者への道を用意するとともに、そういう捕食者から身を守る道をも用意しました。堅固な殻を着こんだり、棘《とげ》を生やしたりして、硬い構造で敵をよせつけないやり方です。三葉虫はカンブリア紀初期に登場しますが、これは節足動物（エビやカニの仲間）で、現生の仲間同様、体を硬い殻で包んでいました。立派な棘を生やしたものもいます。貝の仲間

（軟体動物）や、腕足動物もすでにカンブリア紀には存在していました。腕足動物は貝そっくりの二枚の殻で身を包んでいますが、軟体動物とは全く異なる仲間で、現在生きているものにシャミセンガイがあります。

また棘皮動物もカンブリア紀には登場しています。棘皮動物はウニやヒトデやウミユリの仲間です。炭酸カルシウムの殻で身を包んでいます。初期のものもそうでした。初期のものは、形も生活の仕方も、現在いるウミユリと似ていました。ウミユリは深海にいるため、あまりなじみのない動物でしょうが、形は植物じみています。「海の百合」なのです。海底に茎で固着し、茎の上に体が乗っており、体からは放射上に腕が伸び出して、ちょうど開いた百合の花のように見えるものです。彼らは流れのある場所の海底を好んで固着しており、腕を流れの中に伸ばして、流れにのってくる有機物の粒子やプランクトンを捕まえて食べます。彼らにとって骨格は、捕食者に食われないように身を守るものであるとともに、茎も腕も流れでへしゃげず、しっかりと摂食の姿勢を保つ機能をはたしています。古生代はカンブリア紀からペルム紀まで、約三億年続きますが、棘皮動物は古生代を通して大いに栄え、この時代の海底はさまざまな棘皮動物がニョキニョキと「生えて」いる「花園」のような景観を呈していました。

骨格をもてるようになったおかげで、捕食者が出てくるようになれば、それに対応して、より守りを堅固にするものが進化し、すると、そういうものでも食えるように、より強力な歯や鋏をもった捕食者が登場し、と攻撃と防御の軍拡競争が起こり、新たな生物がどんどん誕生していっただろうと想像できます。

たくみな運動が可能になる

骨格の役目で忘れてならないのは、筋肉を効率よく働かす上で骨格が是非とも必要だという点です。ここのところを説明しておきましょう。腕を曲げ、力こぶができるくらい収縮させてみて下さい。腕の内側の筋肉が縮んで腕が曲がっていますね。では筋肉を緩めて下さい。力こぶはへっこみますが、腕は曲がったままです。腕を伸ばすには、反対側の筋肉を縮めなければなりません。筋肉は縮むことはできても押せません。だから自力で元の長さに戻ることができず、他の筋肉に引っ張ってもらわねばならないのです。腕を曲げる筋肉（屈筋）は、腕を伸ばす筋肉（伸筋）とペアを組む必要があります。屈筋と伸筋というふうに、反対方向に働く筋肉を拮抗筋と呼びます。筋肉たちは互いの拮抗筋とペアを組んで働いています。

ただし拮抗筋のペアだけではまだ足りません。骨がペアの間に存在していないと、曲げては伸ばしを繰り返すことは不可能です。骨がなく、二本の拮抗筋が並行に貼り合わさって並んでいたとしましょう。一方の筋肉が縮むと、もう一方もそれに引きずられて短くなってしまいます。両方とも短くなってしまうと、もはや両者共に元の長さに戻ることはできず、これ以上筋肉は働けなくなってしまいます。

実際の腕では、ひじのところに関節があり、それをはさんで肩側に上腕骨が、手首側には、尺骨と橈骨《とうこつ》という二本の骨が並行に並んで存在しています。主な屈筋は上腕筋、伸筋の方は上腕三頭筋です。ひじ関節をまたいで上腕骨から尺骨まで、屈筋は腕の前面（内側）を、伸筋は背面を走っています。屈筋が縮めば腕は曲がります。このとき、伸筋の方は引き伸ばされます。逆に腕を伸ばすときには、引き伸ばされた伸筋が縮み、今度は屈筋の方が引き伸ばされます。こうして自力による収縮、拮抗筋による受動的引き伸ばしを繰り返すことにより、腕は屈曲を繰り返せることになります。

こういうことができるのも、真ん中に骨があるからです。骨は硬いため、筋肉が縮んでも押しつぶされることはなく、長さは変わりません。関節部で曲がるだけです。曲がることはできるが長さの変わらない硬い骨。この骨の両側に拮抗筋を配置することにより、筋肉は効率的に働けるようになりました。私たちの骨格は内骨格であり、骨格が体の内部にあるのですが、エビやカニや昆虫（節足動物）のように骨格が体の外側を覆っている外骨格でも同じことです。骨の内側に拮抗筋があって、これが骨を動かして運動しています。

骨格系をもつことにより運動能力が飛躍的に向上しました。われわれ脊椎動物を特徴付けているのが脊椎（背骨）ですが、魚はこれをもつことにより、活発に泳げるようになりました。脊椎とは、円盤状の骨を、関節を介して積み重ねて棒状にし、これを体の中心に長軸方向に通したものです。関節の両側に拮抗筋を配置すれば、脊椎を使って体をくねらせて泳げます。陸上で繁栄している生物の双璧が脊椎動物と昆虫ですが、どちらも体から突き出た細長い付属肢をもっています。脚は長くすればするほど、一歩でたくさん進め、より速く歩けます。細いのは軽くするためで、そうしないと振り動かすのにエネルギーが余計にかかります。ただし細長いと、よりへにゃへにゃになって折れやすくなってしまうのですが、そうならないのは骨格が丈夫なおかげなのです。

付属肢の形を変えれば飛ぶ羽だってつくれます。骨格をもつことにより、さまざまな運動様式をとることが可能になりました。脊椎や羽の登場はもっと後のことですが、カンブリア紀に骨格が普及したことが運動能力の向上と多様化を生じさせ、たとえば、すばやく動いていってがぶりと噛みつくことにより、効率よく餌を手に入れる強力な捕食者を生み、それに負けじと逃げ足を速めるものたちも生まれてくるというような形で、生物の多様性が増大したのは間違いのないところだと思われます。

カルシウムの骨格

骨格は硬い材料でつくらねばなりません。骨格の材料は、大別して無機物と有機物に分けられます。代表的な無機物は炭酸カルシウムで、貝殻やサンゴの骨はこれでできています。海水中にはカルシウムが大量に溶けており、また、空気中の炭酸ガスも海水に溶け込んでいますから、炭酸カルシウムの原料はふんだんにあり、安価に(原料集めにエネルギーをそれほど使わなくても)骨格をつくれます。同じくカルシウムを使いながら、脊椎動物の場合は骨がリン酸カルシウムでできています。リン酸は海水中にそれほど多くはないのですが、リン酸カルシウムでできた骨を使う利点は、一度つくってしまったものでも、それを手直ししやすい、つまり溶かしてつくり直すのが容易な点が挙げられます。これにより、力があまりかからない骨は細く、力のよりかかる骨は太く、というように、加わってくる力という力学的環境に適応するように、骨の太さを調整できます。骨は太ければ良いというものではなく、太いと重いので、速く動きにくい上に、動くのに余計なエネルギーを使ってしまいます。私たちの骨は、日々、環境に適応するよう、手直しされているのです。その極端な例が、宇宙飛行士が無重力状態で暮らすと骨が弱くなってしまう現象です。

脊椎動物の骨には、リン酸カルシウムのみならず、コラーゲン繊維も大量に含まれており、これにより、単なる石の塊より壊れにくく、跳んだりはねたりの激しい運動にも耐えられる骨格になっています。要するにわれわれ脊椎動物の骨は、つくるのにエネルギーと手間とがかかりますが、それなりに高機能だと言えるでしょう。無機物の骨格としては他に、珪藻や一部のカイメンの骨格のように、カルシウムではなく珪素を用いたものもあります。

キチンの骨格

エネルギーと手間がかかっている骨格と言えば、有機物でできた骨格です。複雑な有機物を合成しなければなりませんから、これには多大なエネルギーが必要となります。つくるのにコストがかかるのです。有機物の骨格の代表は節足動物の骨格（クチクラ）であり、これはキチンという多糖類が主成分です。キチンでできた繊維同士がタンパク質の「糊」で貼り合わされて骨格ができています。これは軽くて丈夫であり、おかげで昆虫は羽をつくって飛ぶことまでできるようになりました。エビやカニのように海の節足動物は、このクチクラに炭酸カルシウムを加えています。加える量が多いほどクチクラは硬くなります。三葉虫の殻は炭酸カルシウムがほとんどでした。海の中では浮力が働くため、体を軽くすることは効率の良い運動にとってそれほど重要にはなりません。海底を這うものにとっては、体が軽いとかえって浮き上がって流されるおそれがあります。炭酸カルシウムの殻は「おもし」としても働いているでしょう。

以上、骨格の重要さについて述べてきました。ではなぜカンブリア紀大爆発の時に骨格をもてるようになったのでしょう。これは今のところ謎です。骨格をつくるエネルギーをまかなえるほど酸素濃度が上昇したのだろうとか、（カルシウムやリンは陸から海に流れ込んで、それが海洋の循環流で海全体に行き渡るのですが）より多くのカルシウムやリンが行き渡るような循環流が成立したのだろう、などという説が提唱されています。

陸上への進出

カンブリア紀大爆発は、進化史上の特筆すべき大イベント。次に起きた大イベントは陸への進出です。生物は海の中で誕生し、三〇億年以上の間、ずっとそこで暮らしてきました。上陸するには、解決しなければならない難問がいくつかあったからです。それらを解決して陸上で繁栄している仲間は、ごく限られています。脊椎動物、節足動物、植物のたった三つです。三つしかないなら、上陸は生物多様性にとって大した出来事ではなかったと思うのは大間違いで、この三つが大繁栄して多様化しました。その中でも節足動物（とくに昆虫）と、植物（とくに被子植物）の多様化はめざましく、その結果、昆虫は全動物種の四分の三を占め、被子植物も全光合成生物の七割程度を占めるようになりました。つまり七割以上が陸上の種なのであり、種の数で比べれば、海より陸の方の多様性が高いことになったのです。上陸は生物多様性にとって、画期的な出来事でした。

ただしここで一言付け加えておけば、単純に種の数で比較すると、陸の方が海より一〇倍も多様性が高いことになるのですが、陸は昆虫や被子植物という同じ仲間ばかりが多くて、海にはまったく体のつくりの異なるさまざまなものがいるのだから、海の多様性の方がよっぽど高いのだという言い方もできます。これは他のものとの違いの度合い、つまり多様さの質を問題にしていることになります。このように、多様性は種の数だけを考えれば済むわけではありません。

水・乾燥

現在の海と陸との住みやすさの比較を表にまとめてあります（表5－1）。これを眺めると、

	海	陸	理由
酸素の入手	×	○	空中の酸素濃度は水中の30倍
水の入手	○	×	
光の入手	○ただし浅いところ	○	水が光を吸収するので深いところは×
温度の一定さ（昼夜・季節）	○	×	比熱が水は空気の3000倍
姿勢維持	○	×	水中の浮力は空中の800倍
移動運動	○	×	浮力→泳ぐのは楽。ただし水は粘度が高く、高速移動は困難

表5－1　海と陸の比較（○はより暮らしやすいことを表す）

酸素の入手を除いて海の方が住みやすいことがわかります。歴史的には上陸に際しての難問の一つが紫外線でしたが、この解決に関してはすでに述べました（序章一〇ページ）。

上陸する上での大難問は水。生物の体の半分以上は水でできており、水がなければ生きていけません。海の中ならまわりは水だらけですから問題は生じませんが、陸では水の入手が容易でない上に、水は体の表面からどんどん蒸発して失われていき、すぐに干からびる危険があります。解決策は体の表面を、水が逃げて行きにくい構造にすることです。昆虫の場合、体をすっぽり覆っているクチクラの最外層がワックス層であり、これが水を通しません。植物にも一番外側にワックス層があります。脊椎動物の場合は、爬虫類では鱗、鳥類では羽毛、哺乳類では体毛で体表を覆い、水が失われるのを防いでいます。

節足動物と脊椎動物以外にも陸へ上がった動物が

いなかったわけではありません。ただしそれらの活動は制限されています。ある程度陸で成功したのが軟体動物で、その代表がマイマイ。マイマイは雨天で体が乾燥する心配のない時に活動し、晴れて乾燥したときには殻の中に引きこもって蓋を閉じてしまいます。ナメクジ（同じく軟体動物）は、昼は地中に隠れており、夜、湿度が高くなると出てきて葉を食べます。土の中には大量の水が含まれており、陸とはいいながら、半分は水中だと言える環境なのです。ミミズ（環形動物）も土の中にいて、夜、地表に現れ、餌となる落ち葉などを自分の巣穴に引っ張り込みます。他にも線虫や菌類（キノコの仲間）など、いろいろな生物が土中に住んでいますが、これらは半分だけ上陸に成功したものというところでしょう。

有性生殖を行うにあたっても乾燥が問題になります。精子は細胞の中でも、とりわけサイズの小さなものです。小さいものがいくら頑張って卵まで自力で動いていこうとしても、動ける距離はたかがしれています。それに、小さいと体積の割には表面積が大きく、すぐに乾燥してしまいがちです。海の中では精子を海中に放出するものが多いのですが、乾燥の心配がない上に、水の流れに乗って結構遠くまで行けるから問題はありません。でも陸ではそうはいきません。陸の動物では親が異性のところまで出かけていって交尾し、雄が雌の体内に精子を注入するものが多く見られます。これは、精子が雌の体内という湿ったところを少しだけ動けば済むようにという配慮です。

海では子が、陸では親が動く

こうして受精して子が生まれてくるのですが、それが親のいる場所のみならず、さまざまな環境へと住み場所を広げていけば子孫の繁栄・存続への道が開けます。地理的に広く分布しているものほど絶滅しにくく、長く存続する傾向が見られます（海の無脊椎動物の化石の、属レベルでの研究による）。

海と陸とでは子孫の広げ方が異なってきます。海中では幼生の時期に、流れに乗ってさまざまな場所へと移っていき、親になったらあまり動かないものが結構います（第六章一八七ページ）。小さいものほど流されやすいからです。分布を広げるのは海流という他人任せで、おかげで楽をして広がっていくことが可能なのです。ところが陸では浮力が働きません。動いていくためには自力で歩くしか手がないのですが、歩ける距離は体重にほぼ比例します。だから陸では小さい子が動きまわるよりも、大きい親になってから住み場所を変えるものが多くなります。海では子が、陸では親が動くのです。

植物の場合は果実をつくり、これを動物に食べさせて、中の種子（受精してある程度発生した胚が入っている）をその動物に運んでもらっています。

植物の体の支え方

海と陸との違いは、まわりにある媒体、つまり水と空気の違いに強く影響されます。水は空気より比重が一〇〇〇倍近くもあり、生物の体はほとんどが水ですから、水中では自分の重さは、浮力でほぼ支えられてしまいます。ところが陸上では浮力は助けにならず、体を支える構造がなければ、重力により体はぺちゃんこになってしまうでしょう。上陸するには体を支える骨格が必要になります。節足動物も脊椎動物もすでに水中の祖先が立派な骨格をもっていました。

植物の場合は、体を支えるものが二種類あります。一つは細胞壁です。個々の細胞を硬い細胞壁で包み込みました。動物の細胞は、水の詰まった風船のようなものでふにゃふにゃしていますが、植物の細胞は硬い弁当箱に入っているようなもので、これを積み上げて、ちょうどレンガ積みの建物のような、しっかりした体をつくっていけます。

もう一つの支えが維管束です。これは細胞が上下につながって、つなぎ目に孔《あな》が空いて栄養や水を運ぶ管になったものですが、管の細胞壁がきわめて丈夫にできており、そのため、植物の体を貫く鉄筋のような役目をはたします。維管束をもたない陸上植物がまず登場し、それから維管束植物が進化してきました。維管束によって、一〇〇メートル近くもある体を重力に負けずにしっかりと支え、かつそこまで根から水を運び上げることができるようになったのです。

植物の場合は、水を手に入れる上で、動物にはない困難があります。動物は喉が渇いた時にだけ水場に出かければよいのですが、植物は動けません。水があるからといって、水辺や湿気のあるところだけを選んでいたら、住む場所がごく限られてしまいます。そこで植物が開発したのが根でした。地表は乾いていても、土の中にはかなりの水が存在します。それを根で吸い上げるのです。根はまた、植物体が倒れないように支える役目もはたします。なにせ木は幹という垂直に立った一本の柱の上の方にだけ葉が繁っている、頭でっかちのきわめて不安定な構造ですから、支えが必要なのです。根が水を集め、体を支えるという機能をはたせるのも、根の中心に維管束が走っているからです。

陸では酸素をたっぷりと使える

生物は陸に上がることにより、酸素をよりふんだんに使えるようになりました。水に溶ける酸素の量は限られており、また、水の中を酸素が拡散により移動していく速度は、空中に比べて三〇万分の一と極端に遅いため、水中で酸素をたくさん使うと、すぐに酸素不足になってしまいます。それに対して陸では酸素をふんだんに使え、そのため、エネルギーを盛んに使っても酸素呼吸によってエネルギーをどんどん補うことができます。恒温動物（哺乳類や鳥類のような体温を高く一定に保っているものたち）は、単位時間当たりのエネルギー消費量が変温動物の一〇倍以上あり、このような生きものは海では進化できなかったでしょう。イルカやクジラのように、陸から海に戻った恒温動物も、エラではなく、あいかわらず肺で空気呼吸しているのは、このためだと思われます。

陸に上がった最初のものたち

生物は難問を解決しながら上陸をはたしました。最初に上陸したのはシアノバクテリアの仲間だったようです。薄い膜を形成して地表を覆っていたシアノバクテリアの化石（一二億年前のもの）がみつかっています。シアノバクテリアには現在でも、紫外線にも乾燥にも強いものがいます。乾燥したときには活動をやめ、湿り気が戻ってきたときに、細胞の外側をくるんでいる多糖類を用いていち早く水分を吸収して活動を開始する種がおり、砂漠の緑化への応用が考えられています。

先カンブリア時代の末期には、地衣類が水辺に進出しました。地衣類とは、菌類に、藻類やシアノバクテリアが共生してつくっている複合体であり、水が手に入りにくい環境でも生きていけるものです。火山の爆発でできた荒地に、まっ先に侵入してくるのも地衣類です。

以上のものたちは、現在の陸の主役である動植物のように乾燥に耐えながら活動し続けるものではなく、湿った場所にのみ住むか、水がなくなったら活動をやめてじっとがまんしているタイプの生物でした。

植物の登場

古生代は、カンブリア紀、オルドビス紀、シルル紀、デボン紀、石炭紀、ペルム紀と分けられます。海でのカンブリア紀大爆発も過ぎて、次のオルドビス紀（約四億八五〇〇万年前）になると、植物が現れます。光合成する真核生物のうち、水生のものが藻類、陸生のものが植物です。植物は車軸藻（緑藻に近い藻類）から進化したとされています。植物のうち、まずコケ（蘚苔類）が現れたようです。コケは維管束をもっていません。小形の植物ですから、体を支える上でも水を運び上げる上でも、維管束がなくても問題は起きないのでしょう。コケの葉も茎も、ごく薄いクチクラで覆われています。とはいえ、防水効果のあるワックス層はもたず、活動は湿った環境に限られています。

両生類

シルル紀後期になるとヤスデなどの節足動物が上陸したという証拠が現れます。次のデボン紀になると維管束植物が登場し、また、魚から両生類が進化しました。両生類（両棲類）は、カエルのように、水と陸の両方に棲んでいます。卵と幼生の時代が水の中です。卵も幼生もサイズが小さいため、相対的に表面積が大きく乾燥しやすいのですが、両生類は卵も幼生もそして親も、爬虫類や鳥類のような乾燥を防ぐ卵殻や皮膚をもっていません。だからサイズの小さい卵や幼生の時代は、どうしても水から離れられないのです。じつは親になってからも、なかなか水辺を離れられません。カエルにさわると皮膚が湿っていますが、カエルはこの湿った皮膚に外気の酸素を溶かして体に取り込んでいます。皮膚が呼吸器官としても働いているのです。皮膚が湿っていないと呼吸できません。ということは、濡れた皮膚から絶えず水が蒸発して逃げていることを意味しており、節水型の体になっていません。両生類は陸上の乾燥した環境に適応しきってはいない動物なのです。

カエルにも肺があります。ただしそれほど効率のよいものではありません。われわれの肺の内部は、ちょうどブドウの房のように細かいたくさんの肺胞に分かれていて（ヒトの場合、肺胞の数は、片側の肺だけで二億個ほど）酸素を取り込む表面積を極端に大きくしていますが、両生類の肺はそれほど細かく分かれていません。カエルは肺と皮膚との両方から酸素を取り込み、どちらから多く取り込むかは気温によって変わります。皮膚から取り込む量は季節を問わず一定ですが、肺の方は夏の活発な時期に取り込む量が増え（皮膚からの量のほぼ倍）、冬場にはぐんと少なくなります（皮膚の半分以下）。二酸化炭素の排出については、どの季節でも皮膚からの量が肺を上回っています。こんな使い方をみると、カエルの肺はまだ進化しきっておらず、皮膚の補助をする程度のような印象をもってしまいます。

デボン紀の次が石炭紀です。石炭として大量に堆積することになる巨大な木生シダの林が広がり、木々の間を巨大なトンボ（原トンボ）が飛んでいました。爬虫類も登場します。爬虫類は乾いた鱗で体を被い、体表面から水が逃げないようにしています。

古生代末の大絶滅

石炭紀の次がペルム紀で、ここまでが古生代。その次から中生代（約二億五二〇〇万〜六六〇〇〇万年前）に入ります。ここで時代を大きく区切るのは、古生代末に生物の大絶滅が起こり、出てくる化石の相が一変するからです。生物の歴史において、主な絶滅だけで三度（それほどでもないものを含めると五度）も起きたのですが、この時のものが最大規模でした。種の九六パーセントが絶滅したと言われています。あやうく全生物が絶えかけるという大事件が起きたのです。あとの二つの大絶滅は、古生代オルドビス紀末（ここで多くの三葉虫が絶滅した）と、恐竜が絶滅した中生代の終わりのものです。

古生代末の大絶滅の原因の候補としていくつかのものが挙げられています。そのひとつがシベリアで起きた大噴火です。噴火により大規模な森林火災が起きました。火山灰と火事の煙で太陽は遮られ、光合成生物は大打撃を受けました。また、噴火により二酸化炭素が放出され、火事でも二酸化炭素が生じ、これらは雨水に溶けて酸性雨となって降り注ぎ、植物を枯らしました。こうして植物は絶え、食物供給源が絶たれて動物も飢え、食物連鎖が崩壊し、陸上の生物は死に絶えたというのが絶滅のシナリオです。

以上は陸の話。海においても大絶滅が起きたのですが、こちらの方もシベリアの大噴火で説明がつくという考えがあります。この時期に、海が酸素欠乏状態になっていたという証拠が存在し、これが絶滅の直接の原因だと考え、その酸欠は大噴火で説明できるという説です。

大噴火と山火事で生じた二酸化炭素により地球温暖化の引き金が引かれ、それまで凍っていたメタンハイドレートが溶けて、メタンが大気中に放出されました。メタンは二酸化炭素より格段に温暖化作用の強いガスですから、温暖化がさらに進むことになり、赤道域で七度、極地で二五度も気温が上がり、地球の場所による温度の違いが消失しました。その結果、温度差により生じていた海流が止まり、風も吹かなくなり、海水が攪拌《かくはん》されなくなって大気から海へと溶け込む酸素量が減り、海中で酸欠状態が生じました。また海水温が上がれば、海水に溶け込む酸素量も減ります。さらにこの時期に大気中の酸素濃度が三〇パーセントから一〇パーセントへと低下し、その状況が二〇〇〇万年も続いたという証拠もあり、これは光合成生物が打撃を受けたのが主な原因だったのでしょう。大気中の酸素濃度は、海水中の酸素濃度に反映されます。以上、水中の酸素濃度の低下する悪条件が三重にも重なって「超酸素欠乏事件」が起き、海の生物が大量に絶滅したというのがこの説です。こうして森が消え、海ではサンゴ礁が消えと、多様な生物を養っていたものが消え、そこにいた生物たちも消え去ってしまいました。

大絶滅後の回復

この大事件の後、中生代の半ばまでという長い時間をかけて生物多様性はじょじょに回復していきます。ある程度回復するまで二〇〇〇万年、科の数が絶滅前と同じに戻るには、海の生物の場合、約一億年かかったと見積もられています。

ただし回復したといっても、古生代のものがそのまま復活したのではありません。古生代の森林はおもにシダ植物がつくったものですが、中生代以降では種子植物が森林を形成します。

古生代では四放サンゴや床板サンゴのサンゴ礁ですが（第三章八六ページ）、中生代以降では六放サンゴのサンゴ礁になります。

海の中でも光合成の主役を演じていた植物プランクトンが、緑藻から別の藻たち（渦鞭毛藻・円石藻・珪藻）へと変化しました。これら三つの藻類は、葉緑体が緑藻のものとは異なっています。紅藻が他の生物の細胞内に入り込む二次共生によってつくられた葉緑体なのです。これらはアンテナ色素（光を集めて、それを光合成する本来の色素に渡す色素）として黄褐色のキサントフィルをもち、そのため体が黄色や褐色をしています（褐虫藻の褐色もこれです）。「古生代の海は緑藻により緑色をしていた。だが中生代以降、海は黄色に変わったのだ」と言われたりもします。

中生代に入ると現在の生物に直接つながる仲間が登場し、それらが絶滅前と同じような生態系を回復させました。昔とそっくりそのままではありませんし、かなりの時間もかかったのですが、それでもちゃんと回復したのですから、生物はすごいと言わざるを得ません。ただし一度失われた種は、二度と復活することはなかったということも、覚えておかねばならぬ事実です。

空への進出

海から陸へと生物は生息域を広げました。それに伴い、生物多様性も増加しました。さらに生物は生息域を広げていきます。陸上の生物の中から、大空へと進出するものが出てきたのです。その代表が昆虫と、恐竜およびその子孫である鳥です。まず昆虫が空へと進出しました。古生代の石炭紀までには、飛ぶ昆虫が現れます。石炭紀は大規模な森林が発達し、光合成により酸素を盛んに放出していました。この当時はまだ、それらの樹木を食べ、かつ樹木の遺体を分解するものたちが多くはなかったため、消費者や分解者による酸素の消費量は多くなく、そのため、大気中の酸素の割合（酸素分圧）が高まりました。現在の酸素分圧は二一パーセントですが、石炭紀には三〇パーセントほどあったとされています。飛ぶという運動は大量のエネルギーを必要とします。酸素濃度が高ければ、呼吸をさかんにしてエネルギーをたっぷり供給することが可能になります。また、酸素は大気の主要な成分である窒素より重いガスです。重いものの比率が高まれば、より多くの浮力が働き、体を持ち上げやすくなるため、これも飛翔の発達に関係したかもしれません。

昆虫

飛ぶためには羽がいります。羽には大きな力が加わりますが、昆虫の骨格をつくっているクチクラは軽くてきわめて丈夫であり、羽をつくる材料にはうってつけです。さらに、飛ぶには強力な飛翔筋も、飛翔筋に酸素を供給するシステムも必要です。昆虫はこれらにも特別なシステムを開発しました。

昆虫のもつ特別な酸素供給システムとは気管系です。われわれ陸上の脊椎動物の場合、酸素供給システムは肺と血管系のセットです。外気を肺という袋に送り込んで、袋の壁を通して酸素を血液にとりこみ、それを血管系により体内の各器官に送っています。このシステムの問題点は、肺の表面から絶えず水が失われてしまうことです。寒い朝に吐く息が白く見えるのも、それだけの水が息をするたびに失われ、霧になって見えているのです。袋の壁を通して酸素をとりこむ際に、同時に袋の壁を通して水分が逃げてしまうのが肺の欠点です。水分の損失は、とくに昆虫のような体の小さなものにとって問題になります。小さいものは相対的に表面積が大きく、体から水が失われやすいからです。

この問題を解決しているのが気管系です。昆虫は体の表面から筋肉の内部にまで、気管という細い管で直接空気を送りつけています。気管は、拡散により酸素は入って来るが、中の空気の攪拌が抑えられて水が逃げていかないという、絶妙の太さにつくられています。これで水の損失の問題を解決し、高い酸素分圧の後押しを受けて、飛ぶものが進化できたのでしょう。カラスほどの大きさの原トンボ類が石炭紀には飛んでいたのですが、これだけ大きくなれたのも、高い酸素分圧のおかげだったと考えられています。

鳥

空に進出したもう一つの動物が鳥です。鳥においても呼吸系の工夫が見られます。鳥以外の脊椎動物の肺は袋状のもので、これに外気を送り込み、そして吐き出します。肺が完全につぶれるまで空気を吐ききってから吸い込むことはできないため、いくら頑張っても肺の中の空気の一部しか入れ替えられません。ヒトの場合、ふつうの呼吸においては、たった一割強の量しか入れ替わっておらず、換気の効率はずいぶん悪いものです。これに対して鳥の肺は、閉じた袋ではなく袋の底が開いており、気嚢と呼ばれる他の袋につながって、複数の気嚢とセットになって呼吸系ができています。気嚢の働きにより、肺の中の空気は、後ろから前へと、いつも一定の方向に流れています。息を吸うときも吐くときも、方向が変わらないのです。そのため肺の中の空気は完全に入れ替わることができ、酸素を取り込む効率が、格段に良くなります。おかげで高い空でも酸素不足になりません。酸素マスクをかけ、あえぎあえぎヒマラヤを登っている人たちのはるか上空を、ツルが天翔《あまがけ》っていく姿が見られるわけです。

鳥は中生代の白亜紀に、獣脚類の恐竜から進化してきました。中生代は恐竜の時代ですが、鳥に見られる効率の良い呼吸のシステムを、恐竜がすでにもっており、それが恐竜繁栄の原因ではなかったかという説があります。先ほど述べたように、古生代末の大絶滅の後、大気中の酸素分圧は、三〇パーセントから一気に一〇パーセントにまで減少し、現在よりも低酸素の時期が一億年は続いたようです。この状況に対処するために、効率よく酸素を取り込める肺を開発したのが恐竜で、それが彼らの繁栄につながったのだというのがこの仮説です。実際には恐竜がどんな肺をもっていたかはわからないのですが、効率の良い肺のおかげで他を圧倒して恐竜の時代を築き、白亜紀になって大気の酸素濃度が、森林の回復などにより再び上昇すると、余力を駆って空へと舞い上がったというのは、なかなか魅力的なストーリーだと思います。

哺乳類の登場

中生代の三畳紀の終わりに哺乳類が登場します。低酸素時代に登場したものにふさわしく、哺乳類もそれなりに呼吸系に工夫をこらしました。カエル（両生類）を見るとわかりますが、のどを動かして空気を飲み込みます。のどのポンプ一個で空気を肺に押し込んでいるのです。哺乳類はそれとは異なり、二つのポンプをもつシステムを開発しました。それも押し込むのではなく、吸い込むポンプです。哺乳類の胸部は肋骨で囲まれ、底面は横隔膜で仕切られています。肋骨を動かして胸をふくらませるのを繰り返すのが胸式呼吸、横隔膜を引き下げたりゆるめたりを繰り返すのが腹式呼吸で、どちらも胸郭の体積を増やして胸郭内の圧力を下げ、まわりから肺を引っ張って広げることにより肺に空気を吸い込ませています。他の陸生脊椎動物では、胸部のみならず腹部も肋骨で囲まれて保護されていますが、哺乳類では腹部の肋骨が失われており、横隔膜の動きのじゃまをする骨がありません。安全という点では、腹部の臓器も肋骨で保護されている方がいいに決まっているのですが、そこを犠牲にしてまでも横隔膜を発達させて肺の効率を上げることに意味があったのでしょう。腹部の肋骨がなくなったことは、子どもを孕《はら》むスペースを腹部にもてるようになったという意味もあります。

被子植物の繁栄

中生代は古い順に三畳紀、ジュラ紀、白亜紀ですが、今から一億年前、白亜紀中期になると、被子植物が繁栄し始めました。被子植物は陸上生活に都合の良いさまざまな点を備えています。被子植物の繁栄は現在まで続いており、今や維管束植物の種の九六パーセントは被子植物で占められるほどになりました。

植物には維管束をもつものと、もたないものがいます。もたないのがコケの仲間（蘚苔類）。もつものにはシダ植物と種子植物があり、種子植物はシダから進化しました。種子植物はさらに裸子植物と被子植物に分けられます。

シダ

コケの仲間には維管束がないため体を支えられず、背丈が高くはなれません。シダには維管束があり、石炭紀のリンボクなど、丈が五〇メートルにもなりました。維管束のおかげで重力に負けずに体を高く支えられ、かつその先端まで水を運ぶことができたからです。今でも沖縄に行けば丈が三メートルになる立派なヘゴ（シダの仲間）が見られます。

シダ植物は胞子をつくりますが、もう一方の維管束植物である種子植物は、種子《たね》をつくってふえます。生殖方法に違いが見られ、ここが重要なところです。シダ植物は精子と卵をつくって有性生殖をする世代と、胞子をつくってふえる無性生殖をする世代とが、交互に繰り返します。配偶子（精子や卵）をつくるのが配偶体、これが有性世代です。シダの場合、配偶体はハート形のごく小さなもので前葉体と呼ばれます。精子は雨の降った日などの湿り気の多いときに、他の前葉体にある卵のところまで泳いで行きます。これには水が必要ですので、乾燥した場所にシダは住むことができません。また、精子はそれほど遠くへは泳いで行けませんから、ごく近くにある前葉体まで行って、そこの卵と受精することになります。受精した卵は発生して胞子体へと成長します。胞子体（無性世代）が私たちの普段目にしているシダです。シダの葉の裏に胞子がつくられ、これは近くの地面に落ちてすぐに発芽します。だから発芽する場所は親の近くになってしまいます（中には風で胞子を飛ばすものもいますが）。結局、配偶体も胞子体も、ごく近くに住むことになりやすく、それは日陰の湿っているところというように、住み場所が限定されることになります。

被子植物の受精

種子植物の場合、イチョウやソテツなど、ごくわずかのものが泳ぐ精子をつくってシダのような生殖を行いますが、ほとんどのものは異なる生殖方法をとります。配偶体がごく小さくなってめしべの中に隠れてしまい、めしべの中で受精が起こります。精子が体の外を泳ぐ必要がなくなった結果、被子植物は乾燥した環境にも住めるようになりました。陸の動物は交尾という形で受精を雌の体内で行いますが、被子植物もやはり雌の体内での受精を発達させて乾燥対策としたのです。

受精はめしべの中で起こります。めしべは先の伸びた徳利形をしています。花粉が徳利の先端（柱頭）につくと、そこで発芽して花粉管を伸ばします。花粉管とは雄の配偶体であり、その中に精子に対応するもの（精核）ができてきます。卵をつくる配偶体の方は、徳利の根元の太った部分（子房）の中にある胚嚢です。子房は英語ではovaryであり、これは動物の場合、卵巣と訳される単語です。動物では卵巣の中に卵がつくられますが、被子植物でも同様で、子房中の胚嚢の中に卵が形成されます。柱頭から伸びてきた花粉管は胚嚢まで到達し、受精が起きます。柱頭から胚嚢まで、けっこうな道のりを花粉管は伸びていかねばなりません。発芽して伸びて受精をしてといういくつかの段階で、自分の花粉による自家受精が起きないようにチェックをかけているのでしょう。

重複受精

被子植物の独特なところは、受精が同時にもう一つ起こる、重複受精というやり方を採用しているところです。花粉管の中で精核が二個つくられ、卵と受精しない方の精核は、胚嚢の中の別の細胞二個と合体して遺伝子のセットが一つ多い三倍性（3n）の細胞ができ、これは子の栄養となる胚乳へと発達します。重複受精の結果、受精してある程度育った子（胚）と胚乳と、二つのものができてきて、これが親の提供する種皮にすっぽりと包まれて種子ができます。重複受精の利点として考えられることは、この受精は、きちんと発生の進む遺伝子の組合せだったということを確認しながら子の栄養となるべき組織をつくっていけることです。遺伝子の組合せが悪くて子が育たない場合、動物の大きな卵のように親が勝手に子が育つための栄養物をつくって用意しておくと、その投資は無駄になってしまいます。ちゃんと胚乳が発生できないようなら子（胚）の方も育ててはあげないよと、確認をとりながら子への投資ができるのが、重複受精のよいところでしょう。胚乳へと育つ方の細胞が「3n」になっていることは、養分をすばやくたっぷりと合成する上で有利だからかもしれません。

ある程度育った子（胚）が、さらに育つための栄養分（胚乳）に包まれ、堅牢な箱の中に入って密封されているのが種子です。中の胚はきわめて安全に保たれています。この胚は、ある程度育つことはすでに検査済みのものであり、さらに当座の栄養もたっぷり用意されていますから、発芽してから育つ確率はきわめて高くなります。

種子の工夫はそれだけではありません。休眠できるのです。シダの胞子は地面に落ちればすぐに発芽してしまいます。ところが種子はつくられた後に休眠します。休眠中は生長が止まり、代謝がものすごく低下しています。水分含量をぐんと下げた乾燥種子をつくるものも多く、種子、とくに乾燥種子は、親が生きてはおれない環境にも耐えられます。おかげで種子は、発芽に適切な時節を地中でえんえんと待てるのです。山火事で植物が一掃されると、土中で光が当たるのを待っていた種子が発芽し、再び地面を緑で覆っていきます。植物学者の大賀一郎が弥生時代の遺跡からみつけたハスの種子は、二〇〇〇年もの眠りの後に発芽して花を咲かせました。そこまで待つこともできるのです。

種子を包んでいるめしべの子房は膨らみ、果実となります。果実を鳥や哺乳類に食べさせ、中の種子を彼らに運ばせます。

被子植物は顕花植物とも呼ばれます。顕わな（目立ってきれいな）花がこの仲間の大きな特徴です。この花で昆虫の気を引き、花粉を運んで受粉してもらいます。被子植物はもともとが虫媒花であり、イネ科のような風媒花は、虫媒花から変化したものです。被子植物においては昆虫との間に、受粉を介してのもちつもたれつの送粉共生関係が生じています。果実を報酬とした種子散布共生も生じました。特定の花を訪れる特定の昆虫が進化してくることや、特定の果実が好物の特定の動物が登場し、種の多様性が増していきました。植物の中で被子植物が最も種の多様性が高く、動物の中で昆虫が最も種の多様性が高いのは、これらの共生、特に送粉共生のおかげだと考えられています。これは熱帯雨林のところ（第二章）ですでに詳しく述べました。

草

中生代には草原は見られませんでした。被子植物の中では木（木本）に比べて、草（草本）

は遅れて進化したからです。新生代の漸新世（約三四〇〇万～二三〇〇万年前）になると地球は寒冷化・乾燥化しました。それに伴い、草原が広がっていきます。木は草より多くの水を使います。生えている面積で比べれば、木の方が圧倒的にたくさんの葉を茂らせており、より多くの水を必要とするのです。また、木が水を必要とする別の理由もあります。丈が高い植物は水分を上まで運び上げるのに水を使っているからです。水を蒸発させることにより、水を引っ張り上げる力を得ているのです。根の押し上げる力や表面張力で水はある程度の高さまでは上がりますが、丈が高くなるとそれでは間に合いません。

食べる側にとって草の都合の良いところは、木の場合、葉は高い木の先端についており、それを食べるには、登るか、飛ぶか、キリンのように自身の背丈が高くなる必要がありますが、草なら地上に住むそれほど大きくない草食哺乳類でも食べることができます。反芻《はんすう》動物は巨大な胃袋の中に共生微生物を飼っており、これにセルロース（植物繊維）を分解してもらって効率よく葉を消化していますが、こんな巨大な胃袋をかかえての木登りは困難。反芻動物の繁栄は草のおかげです。草は、その葉先をつまむという楽な食べ方をしていれば、食べてもまた根元から伸びてきて、餌が尽きることがありません。これは食べる側にとってじつに好都合です。草原が広がってくると、それらを餌とするウマの仲間（奇蹄類）やウシの仲間（偶蹄類、この中に多くの反芻動物がいる）が多様化しました。アフリカのサバンナを見ると、彼らの多様さと数の多さに圧倒されるでしょう。

草の恩恵

草の多様化は、われわれ人類の発展にも大きく関係してきます。コメ・コムギ・トウモロコシは世界三大穀物といわれていますが、これらはすべてイネ科の一年生の草です。主要な農作物のほとんどが一年生の草本なのです。一年生の草本は、生長できる時にさっと生長し、栄養をたっぷり蓄えた種子をたくさんつくって、種子の形で次の生長できる時節を待つという戦略をとっています。親は得たものすべてを種子にして自身は枯れていくのです。これは乾燥や撹乱が起こる環境で生育する植物にうってつけの性質であるとともに、栽培作物としてもうってつけの性質です。植物が光合成でつくりだしたものをすべて、種子という食べ物の形でごっそりと定期的に手に入れられるからです。

アジアでは一万五〇〇〇～一万年前に大きな気候変動があり、大陸部に乾燥地帯が広がりました。そこでは多くのイネ科やマメ科の植物が多年生から一年生へと変化しました。それらの中から、現在栽培されているイネやコムギの祖先が生まれたようです。農耕がなければ文明は生まれなかったでしょう。イネ科の多様化のおかげを、われわれはこんな形でもこうむっているのです。

第五章　ダーウィンの進化論・アリストテレスの種

ダーウィンと進化論

生物が進化する、つまり生物の種が変わっていくことを、はじめてさまざまな証拠をもとに提案し、進化する機構を考察したのがチャールズ・ダーウィン（一八〇九～一八八二）です。ビーグル号に乗って世界を一周し、ガラパゴス諸島で多様なゾウガメやフィンチ（ウソの仲間の小鳥）に出会い、その経験から生物の進化に思い至り、『種の起源』を著しました。この本の最初の部分には、同一の種内にも、さまざまな変異の見られることが書かれています。とくに飼育されているハトの変異の多様さについて多くのページが割かれています。種の中に多様な変異が生じているのです。

そうして生じたさまざまな変異に、自然選択が働くとダーウィンは考えました。自然選択の結果、ある変異は生き残って多くの子孫を残すことになりますが、別のものは死に絶えてしまいます。自然選択としては、物理的環境（気候や地形など）と、同種や異種の生物間の生存闘争があり、ダーウィンは生存闘争の役割がより大きいと考えました。生物が繁殖のために使える資源（食物や住みかや配偶相手）には限りがあるので、それらをめぐって争いとなり、好ましい変異をもった個体は生き残るチャンスが多いため子孫にその変異を伝えることができ、好ましくない変異をもった個体は死んだり配偶相手をみつけられなかったりして子孫を残せず、そういう変異は伝わらないと考えました。

自然選択などというと、自然が「意図的に」選んでいるような響きがありますが、そうではありません。また現在生き残っているものが必ずしも環境に適応し切っているわけではなく、あまり適応していない個体（あるいは幸運ではなかった個体）が排除された結果なのかもしれません。いずれにせよ、今見られる多様な生物たちは、さまざまな環境への、時間をかけての適応の結果生じてきたものであり、進化の産物なのです。新しい種が形成されるまでには一〇〇万年単位の時間が必要だと言われています。

「なぜ」という疑問を科学に

ダーウィンの進化論は、きわめて大きな意味をもっています。種は時間とともに変化すること、異なる生物が共通の祖先をもっていること、個性（変異）をもったたくさんの個体間の競争の結果進化が起こることなど、それまでになかった生物の見方を提供しました。これは生物学上きわめて重要なことです。また、生物学を超えて、進化の考えは社会にも大きな影響を与えました。

そして本書との関係できわめて重要なことは、ダーウィンの進化論により、「なぜ」という問いを、科学的に扱う道が開かれたことです。これにより生物学が、物理学や化学とは一線を画する学問になりました。鳥の分類学者で進化生物学の泰斗エルンスト・マイアは次のように言っています。「なぜ？　という質問が、科学的に正しい問いだということを認めさせたのがダーウィンだったということを認識している人はほとんどいない。そして、このなぜ？を問うことにより、彼はすべての自然史を科学に属するものにしたのである。ハーシェルやラザフォードのような物理学者は、自然史は物理学の用いる方法上の原則にのっとっていないとして、自然史を科学から排除してきた。非生物の場合、歴史的に獲得した遺伝のプログラムをもたないため、なぜ？という問いによって非生物の本質は解明されないのである。ダーウィンのやったことは、科学の道具にきわめて重要な新しい方法論を付け加えたことだった」（『これが生物学だ』）。

子どものなぜ？

子どもはよく「どうして？」「なぜ？」って聞きますよね。「なぜ物は落ちるの？」と聞かれたとき、どう答えるでしょうか。「万有引力があるから」と答えて、「万有引力は質量に比例して距離の二乗に反比例する」と付け加えても、「なぜ質量には比例で距離の方は二乗なの？　そもそもなぜ万有引力があるの？」とたたみかけられると、答えに詰まってしまいます。

「万有引力は質量に比例して距離の二乗に反比例する」は、力が「どのように」（how）働いているかへの答えですが、「なぜ」（why）に対する答えにはなっていません。物理学では「なぜ」には答えられないのです。神様がそうつくったとしか言いようがなく、だから「なぜ」は物理学では問うてはいけない疑問なのです。

ところがその「なぜ」を、生物学では問えることを示したのがダーウィンでした。「鳥はなぜ翼をもっているの？」と問えるというのです。「翼があれば飛ぶことができ、おかげで捕食者に食われにくくなるし餌を捕まえる上では有利になり、結局、生き残って子孫をふやすことができるから、鳥は翼をもっているのだ。生き残って子孫をふやす大目的に照らしてみると、翼には価値があるからそのようなものが進化してきたのだ」と答えられます。「なぜ」とは、それがそのようである意味や目的や価値を問う問いです。進化の結果、翼をもつ意味や目的や価値が生まれてきたから、このような問いに答えられるのです。

万有引力は進化の結果生まれたものではなく、それが存在する意味も目的も知りようがありません。非生物に対する問いは、どのようにそれが働くのかhowを問う以外、問い方はないのです。生物学の場合も、もちろんhowは問えます。つまりいかに翼が飛ぶことを可能にしているかを問い、それに流体力学を使って答えることが可能です。生物学においては、機構に関する問いと目的に関する問いの二種類が可能であり、ここが生物学の、とりわけおもしろいところです。

分子の集合という死物《しぶつ》に生命を与えたのが進化です。そして生命とは自らが目的や価値をもち、それを実現すべくエネルギーを使って働いているものです。進化により目的や価値を自らもつものが生じました。目的や価値があれば、なぜ大切かという問いにも答えられるようになります。「生物多様性はなぜ大切か」という問いも、この観点から答えられるだろうというのが、本書の姿勢です。

種の定義

さまざまな種が、進化により生じてきたことをダーウィンは示しました。ではその種とは何でしょう？

リンネの種

多様な生物がいます。それらに名前をつけて分類することは昔から行われてきましたが、命名法と分類法を整備したのがカール・フォン・リンネ（一七〇七～一七七八）です。彼は「種」を分類の基本とし、圧倒的に似ているものを同じ種としました。種は英語ではspecies。もともとはラテン語で外観という意味であり、その動詞形のspecereは、よく見るという意味。よく見て圧倒的に形が似ている個体は同じ種だと認めようとするのがリンネの考え方です。われわれが外界から得る感覚情報の七～八割は眼を通してのものです。あれとこれとは違うか同じかという判断の多くは眼に依存しているのですから、形を基本にするのは当然でしょう。

こうやって種を定めて、その上で、よく似た種同士を集めて同じ「属」に属する仲間だとし、さらに属同士を見比べて、似ている属をまとめて同じ「目」に属するとして、どんどん似た仲間を集めてより上位のグループにまとめていきます。最上位の分類単位が「界」。最終的にはすべての生物は植物界か動物界に属することにします。これがリンネの階層分類です。属という階層、その一段上のレベルのより広い目という階層というように、階層をつけて分類するからこう呼ばれます。階層性を伴ったグループにまとめて入れ子にしていくと、大量の情報をわかりやすく整理できます。この方法はコンピュータファイルの整理にも用いられていますね。

個々の種の名前（学名）の付け方として、リンネは属名と種名を並べて記載する二名法を整備しました。属名はラテン語の名詞、種名もラテン語で形容詞とします。たとえばヒトの学名は *Homo sapiens* ホモ属の賢い（サピエンス）ものという意味です。

リンネの分類では圧倒的に似ているものを種とするのですが、その「圧倒的」とはどの程度を指すのでしょうか。どこまで似ていたら同じと言うかの問題ですが、これがきわめて難しいのです。そもそも個体は二つと同じものがいないのですから、どこか必ず違うわけで、そういうものを（違っているにもかかわらず）同じと認める際に、どの程度似ていたら同じ仲間だとするかの客観的な基準はありません。

ここが生物学の難しいところなのです。化学で酸素分子と言ったら、そのあたりを飛び回っている酸素分子はすべて同じで、こっちの酸素分子とあっちの酸素分子とでは個性が違うということはありません（同位体という違いが見られる場合はありますが）。皆同じであり、ある酸素分子を選んでこういうものだと記載すれば、その記載はどの酸素分子にも当てはまります。だから酸素分子を定義することは可能であり、ある酸素分子を取り出して、これが典型的な酸素分子だと言うこともできます。ところが生物の場合、まったく同じ個体は存在しません。われわれ個々人はそれぞれ違う個性をもち、人間の定義など古来山ほどあってどれも言い尽くせてはいないわけで、そういうものを、どうやってまとめて種という生物学の基本の単位を決めるかは大問題です。そういう基本中の基本のところから、生物学は困難に直面してしまうのですが、これは、生物という存在は一つとして同じものがない、つまり生物は本質的に多様だということに由来します。

アリストテレスの種

生物のみならず、すべてのものの分類法を、リンネよりはるか以前に考えたのがアリストテレス（紀元前三八四〜三二二）でした。リンネの方法はアリストテレスのものを踏襲しています。アリストテレスもよく似たものをひとまとめにするのですが、それは属についての話。同じ属の中には、いろいろと違った種がいます。種は似ているということで分けるのではなく、その種から生まれるものをその種だとアリストテレスは考えます。彼は「ヒトはヒトから」（人間が人間を生む）と言いました（『霊魂論』）。ヒトから生まれるものがヒトという種だとする考え方です。これは、こんなに似ているから同じ種だとするリンネの考え方とはまったく異なっています。アリストテレスの考え方だと、どこまで似ていれば同じ種なのかに悩む必要はありません。生物の方が種を決めてくれます。少しぐらい見てくれが違っていても、ヒトから生まれるものがヒトなのです。

アリストテレスにおいて、種を表すギリシャ語はエイドスであり、これは彼の師であるプラトンのイデアに対応する言葉です。イデアもエイドスも形や姿を表す語ですが、エイドスには形そのものよりも、その形をつくっていくものという意味合いがあります。雌の月経血という材料に雄の精液がエイドスを与えることにより、ヒトという形ができてくるとアリストテレスは考えていたようです（彼は男性優位主義者です）。彼の時代には顕微鏡などなく、受精が卵と精子の合体で起こるなどという、細胞を基礎にした考えにたどりつくのは不可能でした。ヒトのエイドスはヒトからヒトへと、ヒトにしか伝えられません。だから「ヒトはヒトから」なのです。

種を決めるのは生物自身

私たちは時節が来て異性を見れば、これは私の仲間だとわかり、むらむらとなって子どもをつくってしまいます。とりわけ習わなくてもそうなってしまうのです。つまり私たちの体に、自分と同じ仲間だ、同じ種だと認識する機構が生まれつき備わっているということです。だから各生物たちが、これは自分の仲間だ同じ種だと自ら認めたものを種とすれば、学者が勝手に似ている似ていないで線引きをして種を決めるより、よっぽど良い分類になるでしょう。

というわけで、現在では生物の種は「ヒトはヒトから」方式で決めるのが主流になっています。これが生物学的種概念です。この場合、種の定義は「互いに交配して子孫を残す自然の集団」となります。似ているかどうかは問いません。この定義による種は、その種自身が決めているのですから、種は現実に存在しているものです。それに対して、種をまとめた属や、それ以上のレベルの分類群は、どの程度似ているかの類似度で人間が勝手に決めるもの、つまりは人間の頭の中だけに存在するものです。だからこそ生物学において、実在である種をとりわけ大切にするのです。生物多様性においても、種の多様性や種の絶滅をおもに問題にするのはこのためです。

ただしものすごくたくさんいる種のすべてについて、自然状態で交配して子どもをつくっていることを確認しながら、この種とこの種とは違うと、種の間の線引きをすることなど、とても不可能です。たった一個体しか発見されていないで新種とされたものもざらにいます。種の九九パーセントがまれな場所にのみ見られ、わずかの体の特徴で他と区別されているだけなのです。だから多くの場合、リンネの考え方に従い、圧倒的によく似たものを種とするのが現実的にならざるを得ません。現在では形の類似性のみではなく、遺伝子の塩基配列の類似性などても種を決める際に用いられていますが、いずれにせよ、そうやって決める種は、どうしても研究者により違いが出てきてしまいます。ある人が同種だとしてまとめたものを、他の人は別の種に分けるということがしばしば起きます。今までに名前のついている種がいくつあるのかがあいまいになる一因がここにあります。

類似度というようなものを定義して、ここまで類似度が高ければ同じ種だというように、すっきりと理性的にものごとを決められないのが生物の分類です。生物が関わってくると、境界が今ひとつはっきりしなくなるものなのですね。このことは後に「私とは何か」の議論でも再び登場します。肌の色など少々違っていても同じヒトという種であり、本当に違うものとの差は体が知っているというのが生物というもの。「少々違っていても自分と同じだ」という面を、種のレベルであれ、(また後に議論しますが)個体のレベルであれ、自分という一つのものの中にもっているのが生物だと私は思っています。

アリストテレスからワトソン、クリックへ

アリストテレスは「ヒトはヒトから」と言いました。なぜヒトからしかヒトは生まれないかと言えば、ヒトの体をつくっている細胞は、ヒトの細胞からしか生じて来ないからです。一個のヒトの細胞は、分裂して二個のヒトの細胞になります。細胞が、細胞の部品を次々と自身の外側に分泌し、それらが集まって新たな細胞が外側にできるわけではありません。細胞は、細胞自身が自らを複製することにより出来てくるのです。「細胞は細胞から」生じるとはっきり

述べたのがウィルヒョウ（ドイツの病理学者）でした。一九世紀中頃のことです。

細胞が二つに分かれるのですが、両方ともヒトの細胞であり、一方はヒトの細胞だが他方は他の動物の細胞になる、などということは決して起きません。なぜならヒトの遺伝子、つまりDNAが、元の細胞からそっくりコピーされてもう一つの細胞（娘細胞と呼びます）にも渡されるからです。

DNAがコピーされる機構を明らかにしたのがワトソンとクリック（ともに分子生物学者）でした。そっくり同じDNAをコピーできる秘密は、DNAの分子が二本の対になった鎖からできており、鎖は互いに鋳型となりあう構造をもっていることによります。一方の鎖を鋳型にすれば他方の鎖が自動的にできてくるようになっているのです。だからDNAの鎖はそっくりそのまま複製（コピー）されて一対が二対になることができます。「DNAはDNAから」です。同じもの（すなわち「私」）のコピーをつくって、えんえんと伝えていく、つまりずっと生き続ける、これが生物の本質だということを次章以下で述べていきますが、遺伝子という「私」をつくる情報そのものに、このような自己複製の機構が備わっているからこそ、それが可能になっているのです。

「ヒトはヒトから」とアリストテレスが述べたことは、より細かいレベルで「細胞は細胞から」となり、さらに分子のレベルまで下って「DNAはDNAから」となりました。西洋二〇〇〇年の科学の歴史のすごさを感じさせる物語だと思います。ワトソンとクリックにノーベル賞が与えられた際、もし故人にもノーベル賞を出せるなら、当然アリストテレスも受賞者になるべきだとのコメントが出されましたが、その通りだと思います。

第六章　生物はずっと続くようにできている

ここからは、「なぜ」生物には多様性があるのか、つまり、多様性の存在する目的について考えたいのですが、そうするに当たって、そもそも生物とはどんなものなのか、生物にとって一番大切なことは何なのかを、まず押さえておかねばなりません。

生物とは続くもの

「生物とはずっと続くようにできているもの」だと私はみなしています。考えてもみて下さい。地球の歴史は四六億年。生物の歴史は三五～四〇億年と言われています。そんな長い間途絶えることなく続いてきたのです。これは、生物がずっと続くようにできている何よりの証拠でしょう。現在いる生物たちは、細菌であれ植物であれわれわれ哺乳類であれ、共通の遺伝暗号を用い、共通の限られた数のアミノ酸を使ってタンパク質をつくりと、基本的な部分はみな共通です。だから今の生物すべては共通の祖先に由来することは確実であり、誕生以来三五億年以上にわたり、生物は途絶えることなく続いてきたと考えて間違いありません。

その間には巨大隕石がぶつかってきたり、地球全体が凍りついたりと、生物が根絶やしにされてもおかしくない過酷な出来事が何度もありました。にもかかわらず続いて来たのです。それは生物というものが続くようにできているからで、絶滅せずに続いていく仕掛けを生物はもっているはずだと考えたくなってきます。

その仕掛けとはどのようなものなのでしょうか？　生物がずっと続いていくためには、克服しなければならない二つの壁があります。熱力学第二法則の壁と、生きていく環境が変化してしまうという壁です。そして後者に生物多様性が関係してきます。

熱力学第二法則の壁

まず第一の壁から考えていきましょう。生物たちは、とても立派な体をもっています。単細胞の生物だってきわめて立派です。これほど技術が発達した現在でも、最も単純な構造をもつ単細胞生物でさえ人の手で作ることは不可能です。ましてや多細胞生物の体をつくることなど到底できません。生物の体とは、それほど複雑で立派な構造物なのです。そういう立派な体をもった生物たちがずっと続いていくのですが、どんな体をしていたら、「ずっと続いていく」ことができるのでしょうか。

複雑で立派な構造物として、建築物を例にとって考えてみることにしましょう。ずっと続いていく建物はどうやったら作れるのでしょう。

単純に考えれば、絶対壊れないものを建てればよいのですが、それは不可能です。熱力学の第二法則によれば、エントロピーは増大する、つまり秩序立った構造物は必ず無秩序になっていくのです。平たく言えば、形あるものは時が経てば必ず壊れてしまいます。諸行は無常。万物はこの法則から逃れられません。絶対壊れない建物を作ることは不可能なのです。

となると次善の策を考えねばなりません。完全に同じ物がずっと続くのが無理なら、どこかで妥協して、あたかも続いているようにみなせる物を作るしかありません。妥協するとは、一部の継続性には目をつぶるということです。

直し続けて、続く法隆寺

絶対壊れないものを作るのが無理なら、壊れてきたらそこを補修し、また壊れたら再び補修し、と修繕を続けていけばずっと続いていくというのが一つのやり方でしょう。修繕する際には、古い部分を新しいものにとりかえます。つまりこの方法は、建築材料の継続性に少々目をつぶってしまうやり方です。世界最古の木造建築である法隆寺がこの例であり、大修理を繰り返しながら一三〇〇年もの間続いて来ました。貴重な世界遺産です。

ただし法隆寺方式を生物が採用できるかは疑問です。壊れた部分を直していくことを繰り返せば、体は新品の部分といつ壊れるかわからない古い部分とがごっちゃになってしまいます。これでは全部が新品だった当初と同じように働けるかどうかは、はなはだ疑問でしょう。生物は跳んだりはねたりと体を酷使します。古い部分がまじってしまったおかげで、ほんの少しでも逃げ足が遅くなれば、捕食者に食われてしまう運命が待っています。大昔につくられたものだから、世界遺産として大切にして食べずにおこうね、と捕食者が見逃してくれるものではありません。生物たちはぎりぎりのところで日々生きているのです。ちょっとでも機能が衰えたら生存競争に負けてしまいます。

生物にとっては、機能こそが大切なんですね。考えてもみて下さい。ご臨終ですと言われたって、形も、体をつくっている材料も変わってはいません。変わったのは機能がなくなったことだけです。それだけで、もう生物として続いていないと言い渡されてしまうのです（もちろん機能が残るだけでもいけません。たとえば形と機能が残って材料がなくなってしまえば、生物ではなく幽霊と呼ばれるようになります。機能を失って形と材料が残ったものが死体やミイラです）。

ところで機能って何でしょう。何か達成すべき目的があって、その目的を実現するように働いているのが機能。目的がなければ機能は存在しません。死体には目的がないので機能をもっていません。風があっちこっち動き回っていようともそれには目的がなく、たとえ厖大なエネルギーを使っていても機能しているとは言えないし、もちろん生きているとは言えません。生物は生き残って子孫を増やすという目的があります。それを達成すべくエネルギーを使って働くのが生物の機能。これが生物にとってきわめて大切です。だからこそ、ずっと続いていくことにおいて、機能が継続しているかどうかが重要だと考えたいのです。

伊勢神宮

直しなおしを続けていく法隆寺方式だと創建当時のような機能を発揮できないのなら、いっそのこと、そっくりに建て直してしまえばいいという発想も出てきます。これを定期的にやっているのが伊勢神宮。二〇年ごとにすべてを作り替えます。神道では常若《とこわか》（常に若い状態を保つこと）がきわめて重視されますが、式年遷宮はまさに常若を担保する行為です。

生物は、この伊勢神宮方式を採用しているのです。新しい体をつくり（つまり子をつくり）、古い体は捨ててしまいます。こうすれば、いつも体は新品でばりばり働き続けることができます。

ただしこうやって作り替えた新品が、前のものが続いているものだと認められるかどうかが問題になりますね。伊勢神宮の建物を、一三〇〇年続いているものだと言えるかどうかという疑問です。

普通は言えないでしょう。でも、ここでは「何が続いているのか」を考えてみる必要があります。存在物にはそれを作っている材料と形とがあり、この両方が同じでなければ、続いているとは厳密には言えません。ただし形と材料とでは、われわれは形の方を優先します。形が同じでなければ同じものとは呼ばないのですね。これはヒトという生物の性《さが》です。ヒトの感覚情報の大半が視覚情報であり、私たちが形を極端に重視する生物だからです。

形に関しては、法隆寺も（そしてたぶん）伊勢神宮も昔と変わってはいません。問題は材料です。伊勢神宮の場合、材料の継続性はまったくありません。法隆寺は創建当時の材料がある程度は残っています。厳密なことを言えば法隆寺もずっと続いているとは言えないのですが、形を重視する生物であるヒトは、法隆寺のように材料の継続性をそれなりに保とうとしているならば大目に見て、続いていると認めてしまいます（修理を続けていけば、しまいには創建当時の材料は礎石以外なくなってしまうでしょうが、それでも法隆寺は続いているとわれわれは認めるでしょうね）。

普通、続いているかどうかは形と材料についてだけ考えます。しかし建物や、とくに生物の場合、機能にも目を向ける必要があると思うのですね。建物は使ってこそ意味があるのであり、もし立ち入り禁止にして世界遺産として眺めるだけになってしまったら、それは創建当時の機能をもたず、同じ物が続いていることにはならないのではないでしょうか。

伊勢神宮は材料の継続性をきれいさっぱり犠牲にして、機能の継続性の完璧さを求めたものです。どのみち熱力学の第二法則がありますから、ずっと続く建物は作れません。だから形・材料・機能のうちのどれかに目をつぶって他の継続性をできるだけ保つという妥協策をとる以外、方法はありません。形が同じであることは「同じ」と呼ぶ大前提ですので、目をつぶるのは材料か機能。その際、機能よりは材料の継続性を大事にするのが法隆寺方式、機能を重視するのが伊勢神宮方式です。このように機能まで考慮に入れれば、法隆寺も伊勢神宮も、どちらもずっと続いていると言えると私は思うのですね。そして生物も親から子へと、ずーっと続いていると言えると私は思います。

体の材料は日々入れ替わっている

生物の場合には、とりわけ機能を重視します。機能しない生物は死体と同じですから、材料の継続性を犠牲にしても、機能の継続性を確保しようとします。これは子どもをつくるという材料の総入れ替えの際にだけ起こることではありません。日々、私たちの体を作っている材料は入れ替わっています。ヒトの場合、一日に四〇〇グラムのタンパク質を壊して新たにつくり直しています。だから厳密に言えば、昨日の私が今日の私へと続いているのではありません。こうやって日々機能が落ちないようにしています。

だったら、毎日の入れ替え作業をそのまま続けて、何百年何億年と続いていけば良いように思われますが、そうはしていません。定期的に一から体をつくり直します。いったん卵や精子という細胞一個の状態に戻り、そこから発生という過程を経て親へと育っていきます（こういうやり方を、ここでは発生方式と呼んでおきます）。何でこんな面倒なことをするのでしょう。法隆寺のように、親の体を残しながら、中の材料を一つ一つ置き替え、結局総入れ替えをするやり方（入れ替え方式）なら、今あるものがすでに形を提供してくれていますから、入れ替えの作業は比較的簡単だろうと思われます。また、入れ替え作業中も、体の大きさは親のサイズのまま。発生方式だと、つくりはじめは体が小さくて運動能力も低く、餌をとる能力も、寒暖や病原菌や捕食者から身を守る能力も十分なく、これはきわめて危険。実際、生まれたほとんどのものは卵や精子や子の時期に死んでしまい、ごくわずかのものしか親にまで成長しません。入れ替え方式ならそんな危険な時期を通過せずに済むのですから、その利点は大きいはずです。でも、生物はこのやり方をとりません。

理由はいくつか考えられるでしょう。第一の理由。親の体は、使っているうちに形にゆがみも生じるでしょうから、親の体をそのままなぞって材料だけを入れ替えても、元々の設計図通りのものにはならない可能性が出てきます。それでは困るから、手間もかかるし危険も伴うが、発生という過程を踏み、設計図通りに一からつくり直すと考えられます。

第二の理由。これには多様性による環境適応が関わってきます。その時その時の環境に合わせて、一から体をつくり直した方が、その時点での環境によく適応した体がつくれ、生き残る確率が増えるでしょう。

第三の理由。入れ替え方式では、個体の数は増やせません。建物は火事で焼失するかもしれませんし、生物は食われてしまうかもしれません。同じものを複数作っておけば、どれかは被災を免れ、続いていくことができるでしょう。複数つくるためには、入れ替え方式であっても、まず元になるものを発生方式でつくらざるを得ないのです。

生物は、親とそっくりの子どもを新たにつくって残すシステムを開発しました。これが生殖です。生殖によって生物は熱力学の第二法則の壁を乗り越えました。そしてこれからお話ししますが、環境変化の壁をも乗り越えたのです。生殖には、発生と遺伝とが関わってきます。体をつくる設計図が親から子へと伝わり、その設計図をもとに、細胞が新たにつくられて、新しい体ができてきます。新たに体がつくられていく過程が「発生」、親の形質が子に伝わるのが「遺伝」です。

生殖とは、生物の個体が新しい個体を生産することです。生《う》んで殖《ふ》やすのですから、生殖には子の数を増やすという意味合いもあります。英語で生殖はreproduction、これは広く「複製」の意味をもち、日本語の生殖のように生物の事象のみを指す言葉ではありません。動詞のreproduceは生殖する以外に、再現する、複製する、複写するという意味をもっています。分解すればre（再び）＋produce（生産する）です。つまりコピーをつくるのが生殖です。

コピーですから、原則的には同じ物を再生産することになります。生物の場合でも、親とそっくりのコピーをつくる場合があり、これが無性生殖です。ゾウリムシのような単細胞生物が体を二つに割って二匹になるのがその例です。植物が球根で増えたり挿し木で増える場合も無性生殖。このやり方が、生物が最初に採用した生殖方法でした。無性、つまり雄や雌という性が関わっていないため、有性生殖に比べてずっと仕組みが単純です。単純だということは、必要なエネルギーも少なくて済み、失敗する危険も少ないことを意味しています。無性生殖の場合、親から子へと伝わる遺伝情報は、親と子とで全く同じ。つまり親子は全く同じ遺伝子をもつことになり、それをもとにつくられる体も、やはり親子でそっくりになります。

ところが今では多くの生物は、子が親とは少々異なるようにコピーします。それが、環境が変化する壁を乗り越えるための方策なのです。

子が親とは異なるようにするには、①体をつくる設計図(遺伝子)そのものを変えてしまう方法(有性生殖)と、②設計図は変えない別の方法があり、生物は両方を同時に採用しています。

同じ親から生まれた子の間にも、それなりの違いが見られる主な原因が①。有性生殖により子の間に遺伝子の組合せの変化が生じ、それが子どもたちの形質の違いに反映された結果です。もっている遺伝子に違いがあるから兄弟間に違いが生じるのです。ただし一卵性双生児のように遺伝子が全く同じであっても、少しは違いが生じてきます。これが②です。まず②から見ていくことにしましょう。

環境変異

一卵性双生児であっても形質が異なるのは、形質が遺伝子によって一方的に決まるわけではないからです。どの遺伝子がいつどれくらい働くかは、環境によっても影響を受けます。その結果、もっている遺伝子が同じでも、環境が変われば形質が変わってきます。このような環境によって生じた形質のばらつきが「環境変異」です。ちなみに「形質」とは、その生物の形（外形や内部器官の形）だけではなく、発生や生殖の仕方、生理的な性質なども含め、体に表れている各種の性質を指す言葉です。

環境変異と対になる言葉は「遺伝的変異」、つまり遺伝子の違いに起因する形質のばらつきのことで、これは遺伝します。環境変異の方は遺伝しません。遺伝子だけで人の形質（性質）が決まるものではないことは、昔から知られていたことです。「氏か育ちか」と言われ、氏（遺伝子）も育ち（環境）も、どちらも影響するのです。

ヨハンセンとインゲンマメの実験

もっている遺伝子のセット（遺伝子型）が同じでも、環境によって表現型（遺伝子型が形質として表れたもの）が変わることを最初にはっきりと示した人がヨハンセン（デンマークの遺伝学者）でした。彼は一九〇〇年（メンデルの遺伝の法則が再発見された年）に一九粒のインゲンマメを買ってきて、豆の重さを量ってから播《ま》きました。そして育ったものを自家受精させて、できた豆の重さを量り、さらにそれらを播いて自家受精させてを繰り返し、親子関係と重さについて調べていきました。彼が実験するまでは、重い豆をつける個体を選び続ければどんどん豆の重さが増していくと思われていたのですが、結果は異なり、重くなるのは最初のうちだけで、その後は重さが増えなくなったのです。これは重いものを選抜することを繰り返した結果、重い豆にする遺伝子がホモ接合になってしまったからです。次章で詳しく述べますが、ある形質（たとえば重さ）を決める遺伝子は二個で一組になっており、二個とも重くする遺伝子が揃うと一番重くなるのです。二個とも同じ遺伝子が揃っている場合がホモ（ギリシャ語で同じという意味）、揃っていない場合がヘテロ（ギリシャ語で異なっているという意味）です。問題とする形質の遺伝子がホモになった系統を純系と呼びます。純系の豆を播いて育てると、重量に関する遺伝子は同じなのだからできてくる豆の重量はみな同じになると期待できそうですが、そうはなりません。重さにばらつきが出てきます。これは育つ環境によって生じる違い（環境変異）です。こうして遺伝的変異と環境変異を区別し、環境変異は遺伝しないことを示したのがヨハンセンでした。

環境変異の例

発生過程における環境の違い（たとえば栄養状態や生活の仕方など、また、偶然受けるストレスなど）は、できあがってくる体の形質に影響します。発生に従ってどんどん形ができていくのですが、その表現型のある部分は環境によって誘導されるものだと言われています。環境が変化することに対しての対策の一つが環境変異であり、環境変異は生物にとってしばしば有利に働きます。以下にその例を挙げておきましょう。

骨は力がかかると太くかつ骨密度が高くなります。たとえば硬いものをよく食べると顎の骨が頑丈な子に育ちます。これは力の加わる環境によってヒトの形質が変わる例です。

光の環境も大きく影響します。木は陽当たりの良い方向に枝を伸ばし、光合成をより多くできる形に生長します。

季節という環境によって形が変わってしまうものもいます。チョウでは、春に羽化してくるもの（春型）と夏に羽化するもの（夏型）とで、羽の紋様が、いったい同じ種なのだろうかと思うほど違うものがいます。たとえばイチマツシロチョウの春型は夏型に比べて羽が黒っぽいのですが、黒ければ太陽光をたくさん吸収して体を温めることができるので、春先の寒いときにもすぐに飛び立てます。逆に白っぽければ太陽光を反射するので夏に体が過熱するのを防げます。この変化には日射時間の長さと温度とが影響しています。

まわりに捕食者がいるかいないかという環境の違いで体の形が変わるものも知られています。たとえばカメノコウワムシでは、捕食者がいる環境で育ったものは、そうでないものと比べて棘が長くなり、これで体を守ります。捕食者であるフクロワムシの体からにじみ出てくる化学物質に反応して、より食われにくい形をもつ個体へと卵から発生するからです。

何を食べるかで形がすっかり変わってしまうものもいます。よく知られた例がミツバチ。ローヤルゼリーをたっぷりと与えられて育った雌の幼虫は女王蜂になり、同じ雌の幼虫でも、より栄養価の低い食物しか与えられなかったものは働き蜂になります。女王蜂は働き蜂の倍以上体が大きく、寿命はなんと数十倍。そして女王蜂は毎日一〇〇〇個以上もの卵を産み続けるのに対し、働き蜂の方は不妊。ローヤルゼリーを食べ続けることによりホルモンの分泌が変わってこのような結果になるのです。ミツバチは社会性昆虫であり、同じ遺伝子をもつ幼虫が、餌によって異なる役割をはたす成虫へと成長し、巣全体で一個の個体であるかのように機能しています。ミツバチ、アリ、シロアリは、すべて大変成功している社会性昆虫であり、同じ遺伝子をもつものの示す多様性を大いに役立てている仲間です。

個体数が増えすぎると形が変わり行動も変わるものがいます。個体数が少ないときのサバクトビバッタは孤独相と呼ばれる形をとります。孤独相のものは短い羽をもち、単独で行動することを好みます。ところが数が増えて混み合ってきて、他の個体と体が接触する時間が長くなると群生相の子を生むように変化します。群生相では羽が体長に比べて長くなり、群れをなして飛び立って新たな餌となる植物を求めて移動します。

このバッタの例は、親の経験する環境によって生まれてくる子の形質が変わるのですが、ヒトにおいてもそのような例が知られています。母親の栄養状態が悪く、そのため胎児が飢餓状態を経験すると、生まれた子どもは栄養をため込む体質になります。これは飢餓状態がずっと続いていれば有利な体質なのですが、もしその後に栄養状態が改善されると肥満症になりやすく、その結果、生活習慣病にかかりやすいという問題が生じてしまいます。

ヒトの例をもう一つあげておきましょう。暑い時には汗をかいて体温を下げます。汗は汗腺から分泌されるのですが、生まれたばかりの時には、汗腺はまだ機能をもちません。生後二〜

三年かかって汗を出せるようになるものが増えていきます。生まれつきもっている汗腺の数は人によって違わないのですが、幼児期に経験する温度が高いほど、より多くの汗腺が機能するものへと発達します。だから暖かい地方で育った人は上手に汗をかけ、暑さに強くなるのです。

環境変異は変化する環境への対策

以上、環境によって多様なものが生じ、それが生物にとって有利に働く例を見てきました。体の中の各細胞はみな、同じ遺伝子のセットをもっていますが、遺伝子がいつも同じだけ発現している（働いている）わけではなく、必要に応じて発現できるようになっているから、環境への適応能力も高まり、ひいては生き残って子孫を増やすという好都合な結果になります。遺伝子の発現の調節は親になってからでもある程度は起きますが、発生段階での影響はきわめて大きく、そのため、育つ環境に合わせて一から体をつくっていく発生方式を採用した結果、生物は環境に適応しやすいきわめて柔軟なシステムになりました。この利点は大きいでしょう。環境変異による多様性が見られるのは、生物の大いなる適応能力の表れと言えるものです。

ただし環境変異のすべてが好都合なものばかりとは限りません。柔軟なシステムだからかえって、環境に存在する微量の薬物にも影響をこうむってしまう場合も出てきます。内分泌攪乱物質（環境ホルモン）やサリドマイドなどが問題になるのもこのためです。

環境変異は、遺伝子そのものが変化するわけではないため、世代を超えて伝わることはなく、恩恵があってもその世代かぎりです。ただし世代を超えて伝わる環境変異もあり、最近注目されています。たとえばDNAに「メチル基」が付加されると、メチル化された部分のDNAはずっと読まれることがなく、子にもその読まれない性質が引き継がれることがあるのです。遺伝子の塩基配列そのものは変化しなくても、遺伝子の発現や表現型の変化が引き継がれるのが「エピジェネティクス」で、今、さかんに研究されています。

子は未完成な親ではない

生物が発生方式を採用したおかげで環境変異が生じ、こんなにもいろいろいる生物が、さらに親子も兄弟の間でも形が異なって、ますます多様に見えるのですが、発生方式は、多様に見えることに別の意味でも寄与しています。つまり、親の時代と子の時代とで形質が異なり、それが意味をもつ場合があるからです。私たち哺乳類は、親とそっくりの形で生まれてくるので、子はただ未完成な親だと思ってしまうかもしれません。しかし親の時代と子の時代とは全く異なる形をもって全く異なる生活をし、それぞれの時代が大いに意味をもつ生物も多いのです。

たとえば昆虫。イモムシの時代はそれほど動き回らずに、ひたすら餌を食べ、成長することに専念します。成虫になると羽をはやして飛び回って生殖相手をみつけ、交尾したら子の食べるべき植物を探し出して卵を産みつけます。ひたすら食べるのに適した形、飛び回るのに適した形と、親も子も同じ遺伝子をもっているにもかかわらず変態して形を大きく変えます。

昆虫では幼虫時代は一ヶ所にとどまって親が動きますが、海中の無脊椎動物では逆に幼生の時代に動き回り、成体になるとあまり動かないものが数多くいます。陸上の場合、移動は自分の力で行わねばならず、小さくて非力な子ども時代に動き回るのは困難なのですが、水の中なら浮力のおかげで体が浮き、小さい体の方が、体積当たりの表面積が大きいので沈みにくい上に流されやすく、そのため、海流に乗って非常に遠くまで移動することが可能です。だから幼生の時期にプランクトンとして漂い、成体になったらのそのそと海底を這い回ったり（たとえばエビやカニやゴカイ）、岩に固着したり（たとえばサンゴやカイやフジツボ）と、親では大移動と無縁になる動物がきわめてたくさんいます。これらは幼生を見ても、成体の形はまったく想像もつきません。幼生にはそれぞれ、カイの場合はベリジャー幼生、フジツボはキプリス幼生というように名前がついています。ウニのプルテウス幼生は、長い腕が生えた左右相称で浮遊生活に適した形をもっていますが、ウニの成体は海底に露出した生活でも安全なように、棘だらけの五放射相称の重く立派な殻をもち、幼生とは似ても似つかない形をしています。フジツボのキプリス幼生はひらべったい形で泳ぎ回りますが成体は富士山形の重い石の殻をもち、殻を岩に固着させて動きません。親も子も、それぞれの生活環境に適応した形をとっています。こういう形の多様性も大切なものです。

無性生殖のように、親から子へとまったく同じ遺伝子が伝わり、子が、親と形も機能もそっくりにつくられるなら、たとえ体をつくっている材料が親とは入れ替わっていても、また、たとえ育つ環境の違いによってほんの少し形質に違いが見られたとしても、親子の継続性は保たれたと主張してさしつかえないと思うのですが、ほとんどの場合、そうはなりません。雌の遺伝子と雄の遺伝子とを混ぜ合わせ、遺伝子の組み換えを行う、有性生殖を行う生物がきわめて多いからです。だから子の遺伝子は、どちらの親の遺伝子とも、少々異なってきます。そしてその遺伝子をもとに子の体がつくられるのですから、親子は少々異なってくるわけです。

なぜ有性生殖というしちめんどうくさいことを生物はやるのでしょう。無性生殖の方がずっと簡単です。無性生殖では親の遺伝子がそっくりそのまま子に伝えられ、よそからおかしな遺伝子が混じる危険はさけられますし、卵や精子などという特別な細胞をつくらなくて済むので簡単。さらに生殖相手を探す必要もありません。相手を探してうろうろすることは危険を伴い、相手がみつからなければ生殖をあきらめるしかありません。無性生殖の方が、リスクもコストも少なくて済むのです。自分をリニューアルして熱力学の第二法則の壁を越えるというだけなら、無性生殖の方がいいに決まっています。ところが、無性生殖しかしない生物はほとんどいません。なぜでしょう。

有性生殖の意味

これには環境の変化が関係しています。今の私は、今いる環境に適応して生きています。私とまったく同じコピーをつくれば、それもやはり今の環境の中で上手に生きていけるでしょう。ところが環境は時間とともに変化するものです。変化した環境の中で、今の私やそのコピーがうまく生きていけるかどうかは、はなはだ疑問なのですね。環境の変化には、温度や降水量のような物理的環境の変化もあるでしょう。餌になる生物や捕食者たちの変化や、新しいウィルスや病原菌の登場もあるでしょう。また、たとえ環境がずっと変わらず、自身も同じままで代々暮らしていたとしても、その間に、今まで問題のなかった寄生虫が進化してしまうなどということも起こりかねません。

自分とよく似てはいるが、ちょっとだけ違ったさまざまなコピーをつくれば、そのうちのどれかは、変わってしまった後の環境でも生き残ることができるでしょう。このように子に多様性をもたせるのが有性生殖を行う意味です。有性生殖（性を伴う遺伝）とは、変わる環境の中でもずっと続いていけるための仕掛けなのです。実際、変異に富む種は均質な種に比べて絶滅しにくいと言われています。

マラーのラチェット

たとえ環境の変化がなくても、無性生殖だけでは続いていかないという考えがあります。マラーのラチェットと呼ばれる説ですが、それも紹介しておきましょう（ラチェットとは、一方向にしか回らない歯車のこと）。遺伝子は放射線などにより傷ついて変化してしまいます。こうして起こる突然変異は大抵の場合有害です。今まで役に立っていた遺伝子が有害遺伝子に変わってしまうのです。無性生殖においては、子は親の遺伝子セットをそのまま受け継ぎます。もし有害遺伝子を受け継いだ子に、また新たな有害遺伝子ができてしまえば、孫は二種の有害遺伝子をもつことになります。こんなふうに無性生殖をし続ければ、時間とともに有害遺伝子はたまる一方です。有害遺伝子の数が一定の限界値を超せば、それを引き継いだ子はまともには育たず死ぬに違いありません。無性生殖を続けていくと、いずれはそうなってしまう運命にあるのです。

ところが有性生殖をすれば話が違ってきます。有性生殖においては遺伝子の組み換えが起こります。片方の親が相当な数の有害遺伝子をヘテロでもっている（一対ある対立遺伝子の片方が有害で片方が正常）としましょう。もう一方の親も別の有害遺伝子をヘテロでもっているとします。組み換えによっていろいろな遺伝子の組合せが可能になりますが、両方の親の有害な遺伝子が組となって一方の子にのみ伝わり、別の子には有害遺伝子が伝わらないということが起こり得ます。両親からどさっと有害遺伝子群をもらった子の方は有害遺伝子の数の限界値を超えてしまって育つことはなく、もらわなかった子は有害遺伝子をまったくもたずに、すくすくと育つことになります。これは有害遺伝子を一挙に取り除き、障害を受ける前の元の遺伝子セットに回復することを可能にするうまいやり方です。有性生殖を行えば、時間とともに設計図（である遺伝子）が劣化していくことを防ぐことができ、ずっと続くことが可能になるでしょう。ここで再度伊勢神宮にたとえれば、これは神社のお祓いのようなもの。有害遺伝子という「けがれ」をはらって取り除き、常にけがれなき清浄な状態を保つのが有性生殖の一つの機能です（かなりのこじつけですが）。

私たちは有害な遺伝子を結構ためこんでいるのですが、それらは大抵劣性であり、正常な対立遺伝子と対になったヘテロの状態であれば、その有害な性質は隠されています。ところが近親交配を繰り返せば劣性の有害遺伝子たちがホモになって形質として表れるようになり、不健全な個体が生じるようになってきます。これが近交弱勢です。近縁同士の結婚がタブーになっているのも、昔からこのことが知られていたからです。この逆が雑種強勢。ダーウィンも『種の起源』の中で「系統を異にした個体間の交雑では、強壮で多産な子孫が生じ……近親間の同型交配で強壮性と多産性とが減少する」と書いています。

有性生殖と無性生殖の切り替え

ほとんどの生物は有性生殖を採用してきました。ただし無性生殖にも利点があります。低コストで簡単に子をつくれますから、同じ子づくりの努力で短時間に多くの子をつくれます。そこで良い環境が変わらず一定の期間続くことが確実に期待できるときには無性生殖を行って子の数を増やし、それ以外の時には有性生殖をするというように、無性生殖と有性生殖の両方を行う生物も存在します。ミジンコなどは、春や夏には無性生殖でどんどん個体数を増やし、秋になって環境が厳しくなったら有性生殖に切り替えています。これはなかなか賢いやり方でしょう。

植物や藻類では、無性生殖をする世代と有性生殖をする世代とが交互に現れるものの方が主流です。有性世代から無性世代へ、そしてまた有性世代へと戻るというように、世代が輪になって生活環を形成しています。有性世代と無性世代と、同じ種で二つの形が存在することが、ただでさえ多様な生物を、より多様に見せています。そしてこの多様性も、続いていくことに寄与しているのです。

雌雄の違いという多様性

有性生殖によって子に多様性が生じますが、じつは有性生殖に伴う別の多様性も生じます。言わずとしれた雌雄の違いです。精子をつくるのが雄、卵をつくるのが雌です。精子と卵とでは大きさがまったく異なっています。どちらも配偶子なのですが、役割分担があります。配偶子同士が出会うためには、動いて行って相手にたどりつかねばなりません。動いていく役割を担っているのが精子です。動くには体がなるべく身軽な方がよいわけで、そこで精子は父親由来の遺伝子を詰め込んだ頭部に、動くためのしっぽ（鞭毛）が生えただけのスリムな体をしています。栄養を蓄える役目を担っている配偶子が卵です。卵から子へと発生して自分で餌をとれるようになるまでの栄養が、卵には蓄えられていなければなりません。栄養を蓄えれば、どうしても細胞のサイズは大きくなり、動きにくくなります。そこで卵は栄養を蓄える方に専念し、精子が父親由来の遺伝子を運んできてくれるのをじっと待ち、それを受け入れています。

このように配偶子に違いがあり、それをつくる雌と雄との間にも違いが生じることになります。外見は異ならず、精子をつくる精巣と卵をつくる卵巣が違うだけで、体の内部を見ないと雌雄の区別のつかないもの（たとえばウニ）や、卵巣も精巣もどちらも同一個体内にもっている雌雄同体のもの（たとえばミミズ）もありますが、雌雄で大きく形態の異なるものもいます（たとえば鳥は雄が美しいし、きれいな声で啼く）。同じ形の配偶子が合体するシステムより、精子と卵という役割分担をつけた方が、（速く遠くまで精子は泳いで行けますから）より安全に、かつよりいろいろな相手と遺伝子を混ぜ合わせる確率が高まり、また（動く必要がないのでより大きく栄養の詰まった卵になれますから）より受精卵が確実に育つ確率が高まり、結局、より多様な子孫がたくさん増え、ずっと続くことに寄与できます。これも多様性の効用です。

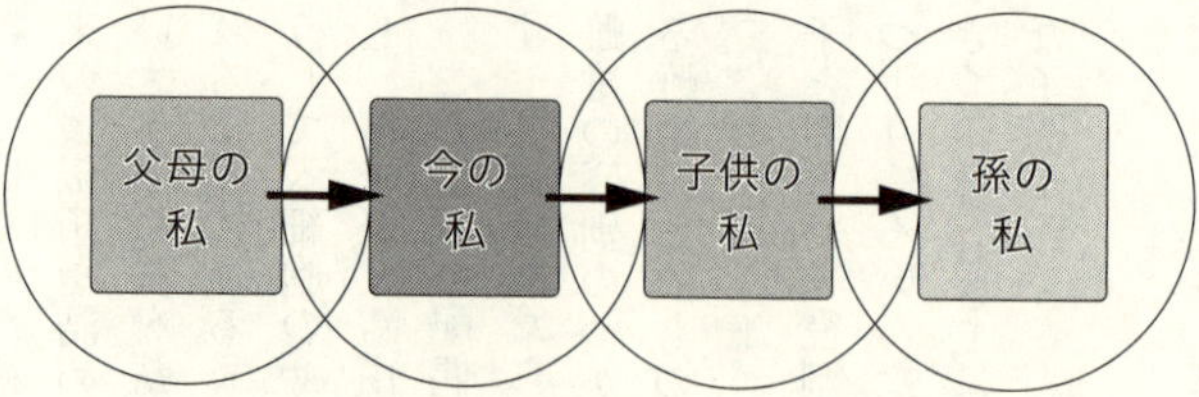

図7－1　私の連鎖が「私」

私・私・私と、私を渡していくのが私

アリストテレスは有性生殖の意味をこう述べています。「生殖することは……永遠なもの、神的なものにできる限り与るために自分自身のような他のものを作ること」（『霊魂論』）。

死なずに永遠に続いていくものが神です。アリストテレスの言葉を私なりに言い直せば、「私という生物も、ずっと続くことを目指しているのだが、（神ならざる身は）ずっと同じ私のままだと、環境が変わるから続くことができない。そこで、ちょっとだけ異なる私のようなものをつくる。そうすればずっと続いて神に近づくことができる。これが有性生殖の意味だ」ということになるでしょう。まことに正しい洞察だと舌を巻くしかありません。

厳密に言えば（熱力学の第二法則があるため）私がずっと続いていくことはできません。環境も変化します。そこでなんとか目をつぶって、「私のようなもの」がずっと続いていくようにしているのが生物なのでしょう。私を厳密にはせずに、今の私とはちょっと違っている私のようなものをも「私」だと認めてしまい、それが続いていくようにふるまっているのが生物のやり方です。「私」をそういうものだと認めれば、親の私から今の私へ、そして今の私から子どもの私へ、孫の私へと、私、私、私と、私を渡していくのが「私」なのだという言い方ができるでしょう（図7－1）。

「そんなことを言ったって、パートナーの遺伝子が半分混じっているのだから、子どもは半分しか私じゃない」とても子どもを私とは認められません！」というのが正直な感想でしょうね。

でも、子どもは半分よりはずっと私に近いものです。遺伝子の塩基配列を比べると、父のものであれ母のものであれ、ほんのわずかの違いしかありません。チンパンジーとヒトという異なる種の間でさえ、塩基配列の差異はわずかに一パーセントほどしか見られないのです。遺伝子の違いでみても一五パーセントです。さらに言えば、大切な働きをしている遺伝子ほど塩基配列に違いがありません。異なる種の間でもこうなのですから、塩基配列のレベルであれ遺伝子のレベルであれ、子どもも私だと主張しても、それほど的外れではないと思うのです。

ミトコンドリアの母性遺伝

遺伝子に関して言えば、子は私だということがそのまま成り立つ部分があります。ミトコンドリアのDNAに関してです。ミトコンドリアは細胞の中で、酸素を使ってグルコースを「燃やし」、エネルギーのもとであるATP（アデノシン三リン酸）をつくり出している重要な細胞小器官ですが、これは独自のDNAをもちます。ミトコンドリアは分裂して二つに増え、その二つは全く同じDNAをもちます。有性生殖の際には、ミトコンドリアも分裂して親から子へと伝えられますが、子へ伝わるのは母親のミトコンドリアのみ。だからミトコンドリアに関しては、母親は、子は私だと主張できます。

ミトコンドリアは、もともとは細胞内に共生していた別の生物でした（第四章一一九ページ）。細胞内に共生している微生物が重要な働きをしている例は、サンゴと褐虫藻のところで詳しく述べましたが、褐虫藻が親のサンゴから子のサンゴへと手渡される場合があります。親から子への共生微生物の伝播はよく見られるできごとなのです。私たちの腸内にはさまざまな微生物が住んでおり、これは食物の消化に役立っています。とくに草食動物においては、草のセルロース（植物繊維）を消化することができず、腸内の共生微生物の助けを借りて消化しているため、共生微生物は重要です。親の糞を食べることにより、親から共生微生物をもらうことは、シロアリやゾウなど、多くの動物において見られています。われわれ人間も、母とのさまざまな接触を通して赤ちゃんは微生物を手に入れているようです。

母は卵という大きくて栄養をたっぷり含んだ配偶子をつくります。ということは、それをもとに育つ子は、母のつくったもの、つまり母の一部を自己の体にするということです。これは体をつくる材料が母から子へと伝わるというだけではありません。どうつくるかの情報も、メッセンジャーRNA（リボ核酸）として母が子に与え、それにもとづいてある時期までの子がつくられているのですから、そこの部分は、まさに母の分身ということになります。哺乳類は乳という母の体の一部を子に与えて育てます。乳の中には体をつくる材料のみではなく、病原菌に対抗する抗体や、ホルモンも含まれています。

親が子に環境を用意する

環境変異のところで、環境の違いによりできてくる子が異なるということを述べましたが、親としては、今、自分が生きている環境とは、生きていけることが実証済みのものなのだから、この環境が子においても変化しないに越したことはありません。今の私が生きている環境をできるだけそっくり子に与えて、今の私とそっくりに育つようにするのが一番安心できるやり方です。そこで子に、遺伝情報を伝えるだけではなく育つ環境をも伝えることを、さまざまな生物が行っています。サケは自分が育った川に帰ってきて子を生みます。自分が育つことのできた環境を、子に与えるのです。アゲハの母はカラタチなどのミカンの仲間に卵を産みます。自分が食べて育った食環境を子に用意するのです。カリバチは巣をつくって餌になる虫に麻酔をかけてその中に入れ、そこに卵を産み付けます。住環境と食環境の両方を、子に用意してやっています。ライオンもオオカミも親が狩りの仕方を子に教えます。これも食環境を用意しているると言えるかもしれません。このように学習するものも学習しないものも、親の用意した環境の中で、親同様に育っていくのです。

以上、いろいろと述べてきましたが、子は親とそっくりになる遺伝情報を、半分以上親からもらっており、さらに親と同じ環境まで用意してもらうのですから、子は、半分よりはずっと親と同じなのです。体の中で多数決をとれば、「子は親と同じだ、親は子だ」ということになるのではないでしょうか。

ビオスとゾーエー（生物の二面性）

つまり「私」に関しては二つの見方ができ、どちらも正しいということでしょうね。一つの見方とは、今の私のような遺伝子の組合せが再び起こる確率はゼロに近く、今の私は古今未来、どこにも存在しない唯一のものであり（第七章二〇九ページ）、そしてこれは必ず死ぬ。もう一つの見方は、「私」は、親、今の私、子、孫、曽孫、玄孫、来孫と、同じものが途切れることなく現れ、死なずにずっと続いていく。——こういう相反する二つの側面を「私」はもっているということです。必ず死ぬものと死なないものという、絶対的に矛盾するものが自己内に同居しているのが生物、つまり絶対矛盾的自己同一物が生物なのだと、西田幾多郎的な言い方をすれば、そうなるでしょう。

ある講演会でご一緒した木村敏先生（京都大学名誉教授）からうかがった話ですが、古代のギリシャには、生物を意味する言葉としてビオスとゾーエーという二つの単語があったのだそうです。ビオスはバイオという言葉の元になったものですし、ゾーエーはズー（動物園）の語源です。

ビオスの方は、一回限りの必ず死ぬ個体としての生物、ゾーエーの方は、ずっと続いて行く、つまり個体を超え出る「生命それ自身」のようなものを指していたようです。生物の二面性を古代のギリシャ人は、はっきりと捉えていたのですね。二面性をもつということは多様だということです。「私」そのものが多様性を備えているといえるのではないでしょうか。

この二面性を認めるのは、生物学的に正しい生命観だと思うのですが、現代では必ず死ぬ一回きりのビオス的側面ばかりが強調されている気がします。死んだ後のことは知らない、後は野となれ山となれという態度が横行しているように感じられるのです。宗教学者の島薗進氏の言い方を借りれば「人間存在の全部を一つのからだに閉じ込めてしまうような寂しい個人主義」の横行です。これは寂しいだけでなく、貧乏くさく、そして何といっても将来につながらず、だから将来のことを考慮しない危うい考え方のような気がします。もちろん、人間の生き方は、必ずしも生物としての生き方に縛られる必要はないのですが、生き方を選択する際に、生物とはどういうものかを、やはり心得ておくべきだと思いますね。

生物には目的がある・価値がある

アリストテレスのオルガノン

古代ギリシャにはビオスとゾーエーの他に、生物を指すもう一つの言葉がありました。オルガノンです。これは英語に入って生物を意味するorganismになりました。オーガニズムは

「有機体」とも訳されます。

オルガノンはアリストテレスが使った言葉で、元々は道具という意味です。道具とは用途のあるもの、つまり特定の目的のために作られた物です。たとえば音を出すための道具《オルガノン》がオルガン、縫い物をするための機械《マシン》がミシンというように。オルガノンは生物の器官を指す言葉organとしても英語に入っています。たとえば眼という感覚器官は見るための道具、翼という運動器官は飛ぶための道具です。生物の体はさまざまな用途をもった器官からできており、これらのオルガンが道具として機能し、有機的に連携して生物としての本質である生き残ることの実現に役立っているのがオルガノン（有機体）なのだという意味あいで、アリストテレスは生物をオルガノンと名付けたのでした。アリストテレスは生物を、体内に存在している道具（器官）類を駆使して、ずっと生き続けるという目的をはたすものと捉えていたようです。アリストテレスは目的論者でした。目的があれば、その実現にかなう事物や行動に価値を置くことになります。生物には目的や価値があるのです。

目的指向性

もちろん生物は末永く生き続けようという自覚的な意志や意図や目的をもって行動しているわけではありません。体がたまたま続くようにできてしまったものが生き残り、そのような体をもったものから、さらにもっと長く生き残るものが（突然変異により）出てくると、そういうものにとってかわられてという進化の歴史をたどり、今や生物といえば生き残ることのエキスパートばかりになりました。このような現状から過去を振り返って見るならば、生物が生き残ることを至上の価値とし、その目的に向かって進んできたのだと、（生物には目的も意志もなかったにもかかわらず）あたかも意図的にこの方向を目指して生物が邁進してきたかのように見えてしまいます。だからアリストテレスのような「間違った」考え方をする人が出てくるのですが、ずっと時代を下った西田幾多郎であっても「生理学者は物理学者や化学者と違ひ、有機体に於いて調和な予定せられた目的性を認容せざるを得ない」（『生命』）と言います。こう言ってしまうとあまりに目的論的で「非科学的」とのそしりは免れないところですので、哲学に詳しい生物学者のマイアやモノーは、あたかも目的をもつかのようにふるまう生物の特徴を、目的指向性と呼んで目的論を回避しようとしています。

多様性には価値がある

生物はあたかも目的をもつようにふるまいます。そして目的の実現に役立つものには価値があります。今や生物というものは、生きて存在し続けることが、究極の目的のようになってしまいました。再度西田の『生命』を引用すれば、彼は生物を「自己自身の存在を目的とする目的的存在」と言っています。多様性があると、生き残るという目的に役立つのですから、多様性は生物の機能とも言え、多様性には価値があります。ここから、多様性は大切にしなければならないという結論が出てきます。生物というものを、ずっと続くようにできているものと捉えれば、多様性は大いに価値のある、守るべきものなのです。

もちろんここで注意しなければならないのは、生物にとって価値のあることが、そのまま人間にとっても価値のあることに、必ずしもならないことです。つまり生物とはこういうものであるという事実をもとにして、だから人間はこうするべきだという結論を、直接は導き出せません（「『である』から『べきである』は導き出せない」というのが「ヒュームの法則」です）。

永続は希望の基礎

生物は続くことに価値を置きますが、では人間はどうでしょう。近代人というものは、生物としての制約からできる限り自由になることを目指してきたのであり、続くということや、そのための生殖・子育ては、まさに最大の生物的制約と言えるものかもしれません。続くという未来に関わることに縛られることなく、今を自由に生きるのが良いことだという考えも、当然あるでしょう。でも、近代人だって、ずっと続かなかったら、やはり困ると思うのですね。今の私だけが重要だ、自分の死後のことなど関係ないと言う人でも、もし一五〇年後に人類は滅亡するとしたら、安心して生きていられるでしょうか、希望をもって生きていけるでしょうか？

そんなことはないと思うのですね。現在の私しか考えない人にとっても、人類の未来は、

（今の）私をつくっている重要な要素であり、だとしたら人間にとっても続くこと（永続すること）には価値があり、そのためには多様性が大切だと考えるべきだと思うのです。生物多様性の有力な宣伝役であるエドワード・ウィルソンはこう書きます。「今世紀の課題は、どうすれば私たち自身のためにも私たちをささえている生物圏のためにも、永続という文化にうまくシフトできるか、である」（『生命の未来』）。

第七章　メンデルの遺伝の法則

親の形質が子に伝わるのが遺伝であり、その仕組みを明らかにしたのがグレゴール・メンデル（一八二二～一八八四）です。遺伝の仕組みはずっと続くことの本質的な機構ですから、おさらいしておくことにしましょう。

メンデルはブルノ（チェコ）のアウグスティノ修道会聖トマス修道院の修道士でした。彼は修道院の庭にエンドウを播き、遺伝の実験をし、得られた結果を説明するために、遺伝形質を規定する因子があると仮定しました。これは現在、遺伝子と呼ばれているものに対応します。

メンデルは遺伝子がどのようなものかを想定し、その想定に従うと、彼の実験結果がすべてすっきりと説明できることを示しました。まず、遺伝子が形質を決めるとしました。さまざまな形質がありますが、形質それぞれに対応して異なった遺伝子を生物はもっていると彼は考えました。たとえばエンドウには、背丈という形質、豆の形という形質、子葉の色という形質など、いろいろな形質がありますが、それらを支配する遺伝子は異なるものだと考えたのです。

そして遺伝子が従うべき次の三つのルールを仮定しました。

●ルール①「独立の法則」。異なる形質の遺伝子たちは、それぞれが独立バラバラに親から子へと伝わり、ある形質の遺伝子と別の形質の遺伝子が一緒にグループを作ってまとまって伝わるわけではない。

●ルール②「優性の法則」。メンデルは、一つの形質に関して、生物はペアで遺伝子をもっており、ペアの一方は父から受け継いだもの、もう一方は母から受け継いだものであると考えました。そしてペアになる遺伝子間にも違いが見られることがあるとしたのです。これは現在の対立遺伝子の概念です。同一の遺伝子にも多様性が見られるのです。たとえば豆の形を決める遺伝子には二タイプあり、一方は豆を丸くするタイプ（○とする）、他方は、しわにするタイプ（☆とする）です。もし片方の親から○を、もう一方の親からも○を受け継げば、子のもつ遺伝子は○○という組合せのペアになります。もし片方の親から○を、もう一方の親からは☆を受け継げば○☆になり、どちらの親からも☆をもらえば☆☆という組合せになります。○○や☆☆のように、ペアが二つとも同じ場合をホモ接合、○☆のように違う場合をヘテロ接合と呼びます。

メンデルのすごいところは、その先です。○タイプをもつ子においては「○形質」が現れる（つまり○○でも○☆でも「○形質」が現れる）が、☆タイプをもった場合には☆☆（つまり両方とも☆のホモ）の場合以外は「☆形質」は現れない、と仮定しました。「○形質」（現れた方の形質）を優性（dominant）の形質、「☆形質」（隠れている形質）を劣性（recessive）の形質と呼びます。劣性と言っても、その形質が劣っているわけではなく、形質として現れずに隠れている

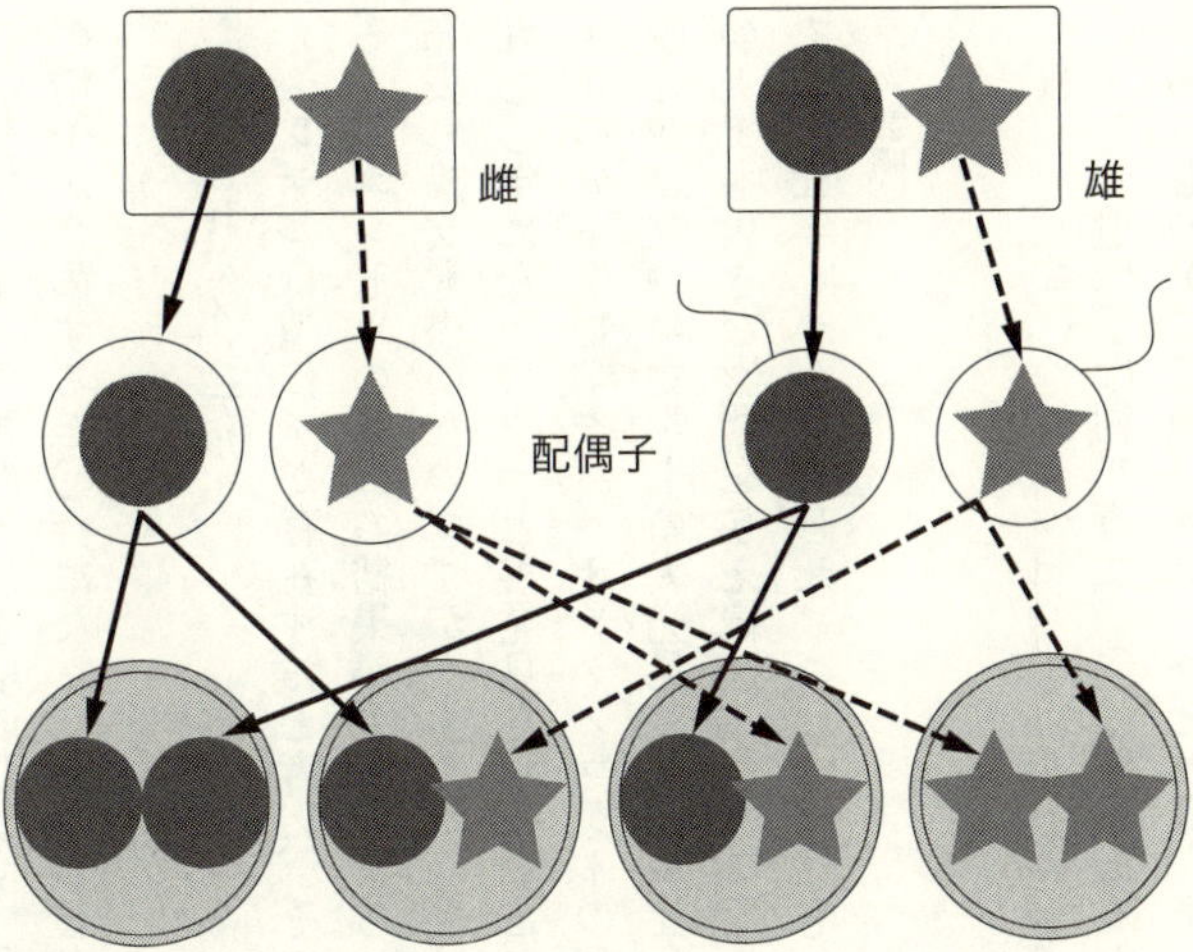

図8－1　分離の法則

のです（英語の recess は凹んで隠れた場所や、お休みという意味、優性〔dominant〕は支配的という意味）。

●ルール③「分離の法則」。メンデルの置いた仮定はもう一つあります。母親の卵と父親の精子が合体することにより個体の一生が始まります。配偶子がつくられる際には、親がもつ一組の対立遺伝子は、分かれて一つずつ配偶子に入っていきます。だから○○の母親のつくる卵は、対立遺伝子のタイプとして○をもち、○☆の母親のつくる卵は○か☆をもち、☆☆の母親のつくる卵は☆をもつことになります。精子の場合も同様です。対立遺伝子は分離して配偶子に伝えられる、これが「分離の法則」です（図8－1）。

このように配偶子に分かれた対立遺伝子

は、受精によって再度ペアを構成します。○の卵と○の精子が合体したら○○が、○の卵と☆の精子が合体すると○☆になり、☆の卵と☆の精子の組合せなら☆☆になります。

無視されたメンデル

メンデルは遺伝子が存在すると考え、その遺伝子のふるまいとして以上の三つの仮定を立てると、エンドウの遺伝の結果が説明できることを見いだしました。それを一八六五年に学会で発表し論文も書いたのですが、すぐには受け入れられずに忘れ去られてしまい、三五年後の一九〇〇年になってやっと再発見されることになります。メンデルの打ち立てた遺伝子の概念は現在の分子生物学やバイオテクノロジーの基礎となっており、遺伝の法則はダーウィンの進化説と並び立つ生物学上の大発見で、人類社会に、思想の上でもバイオテクノロジーという技術の上でも大きな影響を与え続けることになる偉大な発見だったのですが、これが認められるまでに三五年もかかりました。これには、それなりの理由があったのだと私は思っています（コラム参照）。

――個体の私は唯一無二でありながら子どもも「私」である

ヒトの遺伝子は約二万二〇〇〇種類あると言われています。そのうち、対立遺伝子が二タイプあるものが二三種だけだったと仮定しましょう。二タイプの対立遺伝子を○と☆とすると、できるペアの組合せは○○、○☆、☆☆の三種類となります。二三種の遺伝子それぞれに三種類の組合せができるので、総計3^{23}（約一〇〇〇億）の違った組合せの個体ができる計算になります。有史以来生まれてきたヒトの総数は約五〇〇億人と言われていますから、それを超す数です。今、タイプの異なる対立遺伝子をもつ遺伝子の種類を二三と仮定したのですが、実際は一〇〇以上あるのは確かです。ということは、私と同じ遺伝子の組合せのものがこの世に生まれ出る確率はほぼゼロに近く、私というものは、過去現在未来を通して唯一無二の存在だということになります。結局、同種であっても、種内の個体はそれぞれに異なっているのです。

それでも、子は私とほぼ同じ

ただし別の見方もできると思うのですね。ペアを組める遺伝子群をもっている仲間の間でのみ有性生殖が起こるのですが、ペアを組めるとは互いに相性が良いわけで、それは結局、違うといってもペアになれる遺伝子の違いはごくわずかだからだという言い方もできるでしょう。

多細胞生物は、すべての遺伝子をグループに分けて、各グループを異なる染色体の上に一列に決まった順番で並べています。染色体の数は種ごとに決まっています。各染色体はそれぞれ形や長さが異なっており、研究者たちにより番号が振られています。各遺伝子が何番染色体のどの位置に並んでいるかは定まっています。片方の親から受け継いだ遺伝子はすべてこうして並んでおり、またもう一方の親から受け継いだ遺伝子も全く同じ順番で並んでいます。対立遺伝子は、違っているとは言っても、染色体上の同じ位置にあり、同じ形質に関して働くという点では同じです。そして同じ位置にある遺伝子すべてに、対立遺伝子という形で多様性が存在するわけではありません。同一種とは、こんな遺伝子群をもっているものたちです。だから大まかに見てしまえばほぼ同じ遺伝子をもっているとも言えるものたちであり、だからこそ遺伝子を混ぜ合わせることができるのでしょう。ですから、子には半分しか私の遺伝子が伝わっていないから子どもは私ではないと、厳密に言えばそうなるのですが、大雑把に言えば、子もほとんど私だと言ってもいいと思うのですね。ヒトとチンパンジーという異なる種で比べても、遺伝子の塩基配列の違いはたった一パーセントだということは先ほど申し上げました。異種間でもこんなに似ているのですから、種内での違いなどごくごくわずかなはずです。

結局、違いはほんのわずかしかないのに、そのわずかな違いの対立遺伝子のペアが一個体の中に非常にたくさんあり、その組合せが有性生殖のたびに変わって、同種の中に見られる個体の多様さが膨大なものになっています。また同じ両親から生まれた兄弟間でも遺伝子の組合せはさまざまで、兄弟同士がそっくり同じとなる確率は限りなくゼロに近くなるのです。遺伝のシステムとは、遺伝子そのものという一番本質的な部分は全然変わらないでずっと続いていくのに、みかけだけはかなり多様に変化するという絶妙のシステムなのだと思います。

遺伝子はペアを組んでも融合しない

「私」が続くという観点からみても、合体しても融け合ってはしまわないという遺伝子の性質は、この目的に合致しています。ここで遺伝子一個をもし「私」と考えるならば、単に相手と手を組んだだけですから、孫世代に、再度ホモ接合になれば、元の「私」そのものが復活できるのです。劣性で子の世代には無くなってしまったかのように見えた「私」の方も、劣性のホモになれば、きちんと復活できます。たとえて言えば、灰色に見せるには、白い絵具と黒い絵具を混ぜて灰色の絵具を作ってもいいし、鉄粉と白墨《チョーク》の粉を混ぜても灰色に見えます。ただし灰色の絵具は元の白や黒には戻せませんが、鉄粉と白墨の方なら、磁石で再び白と黒とに分けることができます。生物は鉄粉と白墨方式です。

合体しても融合しないというのが有性生殖のポイントなのです。メンデル以前の人たちは、両親の性質が融合してしまうと考えていました。だから遺伝の法則性がわからなかったのです。融合しない粒子的遺伝子を考えたところがメンデルの成功の原因でした。

突然変異

対立遺伝子という形で「同じ」遺伝子にも多様性のあることを見てきました。遺伝子が変わっていくから遺伝子に多様性がみられるのであり、遺伝子に変化が起きる現象が突然変異です。突然変異を引き起こす原因は大別して二つあります。一つは遺伝子を複製する際に起こる間違い、もう一つは紫外線や宇宙線や有害物質など、外からの要因による遺伝子の損傷です。

自分で起こす間違い

生殖細胞をつくる際にはDNAが複製されます。その時、DNAがそっくりコピーされてまったく同じ塩基配列をもつDNAがもう一セットつくられればよいのですが、たまには間違いが起こります。間違いは一〇〇万回から一億回複製して一回の割合ですから、めったに起こるものではありません。めったにないことであれ、間違った塩基配列のDNAをもつ生殖細胞がつくられて、それが受精して発生すれば、そのDNAをもとにつくられるタンパク質は本来のものとは異なり、異なる形質をもつ子ができてくる可能性があります。

別の間違い方もあります。生殖細胞は、減数分裂という特別の細胞分裂によってつくられますが、減数分裂の際、二本で一対になった相同染色体が別々に分かれて二つの細胞に配分されます。その際に間違いが起こるのです。相同染色体が二本とも一方の細胞に配分されてしまったり、染色体が途中でちぎれたり、ちぎれたものが逆にくっついたり、染色体一セットがまるまる増えてしまったり等々のことが起きることがあるのです。染色体の上にはたくさんの遺伝子が乗っていますから、この影響は重大です。

外部の悪影響

以上は生物みずからが起こしてしまう間違い。突然変異のもう一つの原因は外から来ます。

宇宙線はＤＮＡを切断します。紫外線は、ＤＮＡを構成している四種類の塩基の一種チミンが二つ並んでいる部分に作用して、チミン同士を橋掛けすることにより遺伝情報を変えます。化学物質の中にもＤＮＡの塩基を変化させることにより、遺伝子を変えるものがあります。

こういう事態に、生物はただ手をこまねいているわけではありません。変化したＤＮＡを、元に修復する機構を生物はもっています。ただしそれでも修復しきれない場合も出てきてしまい、そうしてできた突然変異のほとんどは生物にとって有害です。体細胞（生殖細胞以外の、体をつくっている細胞）のＤＮＡに変化が起これば、その細胞は死んだりガンになったりします。この遺伝子の変化は子孫には伝わりません。ところが生殖細胞のＤＮＡが変化すれば、これは子孫に伝わり、そのため、親とは異なる形質の子が生まれることになります。ただし日々の細胞の活動に不可欠な遺伝子に変異が起これば子は育ちませんし、逆にＤＮＡの塩基配列が変化しても形質には影響が出ない場合も多々あります。ですから自然状態で突然変異体が現れる確率は低く、比較的変異しやすい形質でも、遺伝子あたり一〇万分の一程度の確率だと言われています。だから「私」は変わりにくく、これはとても良いのですが、逆に品種改良をしようと思って自然にできてくる有用な突然変異体を探し出そうとすると、大変な時間と手間がかかることになります。

二組のゲノム

メンデルの法則は有性生殖を行う生物の遺伝に関する法則です。有性生殖においては、父親由来の遺伝子が一組、母親由来の遺伝子が一組、計二組の遺伝子のセットが子に渡されます。配偶子に含まれる遺伝子の全体をゲノムと呼びます。カエルの未受精卵（受精する前の卵）を針でつついてやると発生して親になりますから、一組のゲノム中に最低限必要な遺伝情報は含まれていることがわかります。二組のゲノムをもっているということは、一組余計に遺伝子のセットがあることを意味します。一つの形質に関わる遺伝子が二つあるわけで、二つが異なる場合、対立遺伝子と呼びます。

私たち動物や植物（真核生物）は二組のゲノムをもっていますが、細菌のような原核生物は一組しかゲノムをもっていません。彼らは体を単純に二つに分ける無性生殖により増え、遺伝子もそっくりのものが複製されて二つの体に配分されます。DNAに変化が起これば、それはたちまち子の形質に反映されます。変化が表れるのはすぐなので、それが良い変化なら目出度いのですが、大抵の突然変異は体を正常につくったり働かせたりする上で有害ですから、そういう変異体はできてもすぐに死んでしまい、遺伝子の変化は子孫に伝えられずに終わってしまいます。

ゲノムを二組もっていると、対立遺伝子の片方が正常に働いてくれれば、たとえもう片方に欠陥があっても、生きのびる可能性がでてきます。生きられないのは、欠陥のある遺伝子がホモになった場合だけ。少々調子の悪い遺伝子であっても、ヘテロの形でずっと存在する可能性が出てくるのです。こうして蓄えられた多様な遺伝子が、環境が変わったときには良い遺伝子になるかもしれません。また、少々調子が悪くても、もう一回突然変異が起きれば、すばらしい遺伝子になるかもしれません。ゲノムを二組もてば、多様な遺伝子をその時が来るまで保つことができます。変化が表れるには、原核生物に比べて時間がかかるのですが、変異を時間的に蓄積できることが真核生物の大きな利点です。生命の歴史の上では原核生物から真核生物が進化してきました。真核生物のめくるめく多様さは、変異を蓄えられるところに由来すると言ってもいいと思います。

コラム　メンデルと原子論

メンデルの法則を教わったのは中学の時でした。メンデルは丸いエンドウとしわのエンドウを掛け合わせ、できた豆の数を数えたら、丸い豆としわの豆の比が三対一になった。その事実から、遺伝子を、それも二つがペアになって働く遺伝子を、メンデルは思いついたのだ、そんなふうに教わりました。

そう教わった時の感想は今もはっきりと覚えています。三対一といったってぴったりとそうではないのだから（実際の実験結果は、丸五四七四個対しわ一八五〇個、つまり二・九六対一）、それを三対一と見なしてしまい、さらにその比から二つのタイプの遺伝子が組み合わさって存在しているると思いつくなんて、どこをどうやったらそんな発想が出るんだろう。まるで魔法。天才って、ぼくらとは全然違った頭脳をもっているんだなあ。僕がメンデルの足下にも及ばないのは当然だけれど、僕の頭の中のどこを探してもそんな発想のかけらもないし、そんなふうに発想できる人がいるということすら想像もつかない。次元が違う。科学者って、こういう人でなければならないとしたら、とてもとても科学者なんかにはなれないなあと、めげてしまったのを覚えています。自身の経験をもとにすると、メンデルを習ったら理科離れを起こしてしまうのじゃないかと心配になります。事実、メンデルのところで生物という科目が嫌いになる生徒が少なくないようなのです。メンデルとはとんでもない人で、僕らとは隔絶した無縁の人だというのが私の中での彼のイメージであり、これは科学を作った偉人に対する絶望的イメージでもありました。その頃にはもう科学者になりたいと思っていたので、かなりめげましたね。

メンデルの色眼鏡

これは学校で科学史を教えない弊害でしょう。科学は多様な現実をよく観察して、共通の法則を見いだすものです。それに間違いはないのですが、ただ虚心坦懐に自然を眺めていても、何も見えてはこず、ある「色眼鏡」を通してみてはじめて、ものの関係が見えてくるのは、よくあることです。「色眼鏡」とは仮説や思い込みや、その時代の人々の考え方のくせ、パラダイムなどです。メンデルの場合、その時代を風靡していた原子論が彼の「色眼鏡」。だからあんな数学的にきれいな法則性を導き出せたと私は思うのですね。

そもそもメンデルは数学や物理学が好きでした。ブルノの修道院に職を得る前に、メンデルはオロモウツ大学の附属学校で二年間学び、物理学の授業に最も深い興味を覚えたようです。そしてそこの物理学の教授に気に入られ、彼の推薦により修道院に就職できたのでした。一八四三年のことです。その後、一八五一年から二年間、修道院からウィーン大学に留学させてもらいます。そこで学大学では物理学のコースで学び、物理学、化学、動物学、植物学の講義を受けました。そこで学んだドルトン（イギリスの化学者）の原子論がメンデルの研究に大きな影響を与えたのだと、遺伝学者でメンデルの研究もされた中沢信午先生は強調しています（『メンデルの発見』）。

ドルトンの原子論が発表されたのは一八〇五年。メンデルがウィーンで学ぶ約五〇年前です。メンデルが学んだ当時のウィーン大学では、この原子論が化学の説明原理として強調されていました。原子論においては、基本となる粒子を何種類か考えます。各粒子そのものは変化しません。そのような不変の粒子同士がくっついて、さまざまな物質をつくります。でも、そうしたあとでも、粒子同士は分かれてしまえば、また、元と全く同じ粒子に戻り、そしてまた別の粒子とくっつきます。粒子が相手を変えてくっつくことにより、多様なものができてくるのです。たとえばH原子がO原子と手を組めば水になり、HがCと手を組めばメタンという全く異なる物質になりますが、H原子そのものの性質が変わるわけではなく、水を分解してHを得、これをCにくっつければ、やはり同じメタンになります。そして、水になるときはHとOの量は二対一になり、メタンになるときは、HとCの量は四対一になります。簡単な整数比になるのです。これがドルトンの倍数比例の法則です。

メンデルの法則＝生物学の原子論

不変の粒子の組合せでさまざまに違ったものができる。組合せの際には簡単な整数比が表れる。この原子論の結論は、遺伝の法則そっくりです。メンデルの業績を世に広める上で貢献したベイトソン（イギリスの遺伝学者）は、メンデルの法則を原子論にたとえていますが、もっともなことです。

メンデルがウィーン滞在中に、原子論を生物の遺伝に当てはめられるのではないかというアイデアを得たと推測している人たちもいます。原子と同様に遺伝子という粒子を考え、その性質は不変だが、ペアになる相手によって、現れる形質がさまざまになるだろう。そして異なる種類の粒子の組合せが起こるときには、簡単な整数比になるだろう。こう考えてエンドウの交配実験を行い、豆の数を数えて簡単な整数比にならないかと調べてみたら、案の定、三対一という簡単な整数比になった、この三対一を説明するために仮定する粒子は二種類で、この粒子の組合せから形質が現れる際には優性・劣性の関係を仮定すればいい、として遺伝の法則にたどりついたのではないだろうか。だから「メンデルは出発する前から解答を知っていて、それを証明するものを作り出した」のだと言う人もいます。もっと言う人は、メンデルの得た結果はあまりにも三対一に合いすぎていて、そんなことは統計的にみて起こりにくい。もしやメンデルは結果を仮説に合うように操作したのではないかと邪推する人までいるのです（ただし統計的におかしいという説に対しては、反対の意見も多い）。

メンデルが実験を始める前から結果を予測していたかどうかは、今となってはわからないことです。でも少なくとも、得られた実験結果をもとにして、このような形に遺伝の法則をまとめていく過程においては、原子論が大いに参考になったのは間違いのないことでしょう。

西洋近代の科学は粒子論の発展史として捉えることが可能です。分子、原子、素粒子……と、基本となる粒子はどんどん根本まで遡っていきました。逆に粒子の考え方は、生命現象にまでひろがり、遺伝子という粒子の形をとって、今の分子生物学やバイオテクノロジーの隆盛を導いたのです。生物分野に粒子概念を持ち込んだ最初の人物がメンデル。彼は突然現れた天才ではなく、西洋の学問の潮流の中で、出るべくして出た人間です。とはいえ、粒子という無機的なものの組合せだけで、生命という霊妙なものが出来上がると考えるのには、大いに抵抗がありました。何か特別で摩訶不思議な「生命力」のようなものがあると考えたくなるものです。そういう誘惑を、えいやっと思い切って、数式で扱える無機的な粒子にまで還元してしまったところにメンデルの天才があります。

原子は「atom」。「a」は否定で「tom」は分ける。もうこれ以上分けられないものがアトムです。そういう少数の基本になるものの組合せで万物ができているという考えは、はるか昔からありました。そんな粒子は目に見えるものではなく、頭の中で考えた概念です。究極のものは単純で不変であり、それが組み合わさってできたものは、さまざまに姿を変える移ろいやすいもの。現実は目をくらますもので移ろいやすく当てにはならず、真なるものは永遠に変わらぬ究極の概念の方だ、というのがプラトンのイデア論。物理学や化学のとる粒子主義はイデア論の系譜に属するものです。

粒子である分子も原子も素粒子も、そして遺伝子だって、それが提案された時点では実体はなく、上手に現象を説明できる「説明原理」だったのです。そういう概念上の存在は、必ずしも実在しなくてもかまわないのですが、究極の概念は実在するはずだと信じてしまうのが、科学のまさにプラトン的なところ。頭が作り上げた妄想かもしれないものに、近代の科学は信をおいて突き進みました。その結果、粒子の実体が明らかになり、少数の粒子ですべてが理解できる学問体系が発展して、今や変幻自在な現実をすっきりと単純な原理で説明できるようになったのです。現代は粒子主義の勝利の時代です。

こういう事態に対応し、文部科学省も理科教育の柱として粒子概念を据え、「小学校学習指導要領解説理科編」(平成二〇年)では、「『粒子』といった基本的な見方や概念は……子どもたちの発達の段階を踏まえ、小・中・高等学校を通し」て教えるものとしています。小学校では「粒子のメタファー体験や粒子への気づき」をさせ、中学校で「粒子概念を導入し、論理的、総合的に」理解させ、高校では定量的に扱いと、生徒たちに粒子概念をじょじょに教え込んでいきます。

現代人は粒子論にすっかり信を置いてしまいました。なにせ少数の粒子の組合せだけで考えるので、単純ですっきりとしており、わかりやすいのですね。だが、粒子主義は多様性の考え方とは、きわめて相性の悪いものです。粒子主義もイデア主義も、多様性に価値を置きません。共通性・普遍性に価値があるのです。多様なものは混沌であり、普遍や本質から遠く、見かけだけのもの。移ろいやすく、まあどうでもよいものとして取り扱われてしまいがちです。

イデア主義に対して、プラトンの弟子であるアリストテレスは、概念よりも、現実に存在している物が、なんといっても確かな物だと考えました。アリストテレスは「万学の祖」と呼ばれ、学問は何でもやった人ですが、古今最大の生物学者でもありました。生物は現実に目の前に存在している個物です。個物は他とは異なっています。つまり普遍的なものではありません。それに対して、力もエネルギーも素粒子も目には見えず、頭の中にだけ存在するイデアで、普遍的なものです。物理学や化学はイデアが先にあり、生物学は個物が先にあるのです。

生物学は、このように物理学や化学とは考え方が異なり、粒子論とは相性の悪いものです。だから粒子論を生物学に当てはめようとは誰一人思ってもいなかったのに、それをやったのがメンデル。こんな乱暴なことができたのは、メンデルが生物学の素人だったからでしょう。当然の帰結として、そんな素人の発想による研究など、生物学のプロが誰一人として相手にしなかったのも当然でした。三五年もの間メンデルの成果が無視されたのは、当然と言えば当然です。

中学校の生物でメンデルの法則を勉強すると、そこで急に生物が嫌いになる生徒が出てくるのですが、これが粒子主義、つまり物理学や化学の発想に基づいており、生物学としては異質な部分だからだと私は思っています。メンデル遺伝を、粒子概念をきちんと教わる前に中途半端に教わるから、生徒たちはついて行けなくなるのではないでしょうか。

原子論を生物の遺伝に当てはめたらどうかと思いついたところは、さすがにメンデルは天才ですが、これはしょせん生物をよく知らない素人の単なる思いつき、妄想だと言えないこともありません。そういう「妄想」を抱かせたのは時代の流れです。メンデルは時代の波の最先端に乗っていました。

まめな実験者メンデル

もちろんメンデルは思いつきだけの人間ではありませんでした。遺伝の法則を発表した論文(「雑種植物の研究」)の冒頭で、「実験に利用する植物のグループを選ぶ場合、はじめから不確かな結果が生じる危険を避けたいなら、できるかぎり注意を払わなければならない」と彼は書いています。実際、実験に使ったエンドウは、注目した形質が一定していて世代が替わっても変化しない系統(純系)であることを、二年かけて入念に確かめ、それから実験に取りかかっています。

彼以前にもエンドウの交配実験をやった人はいたのですが、その人たちとの違いはここにもあり、メンデルの成功は、あざやかに数学的に結果を処理したことだけによるのではありません。

メンデルはまめに実験し、正確な測定を心掛ける人間でした。エンドウ以外の植物（アラセイトウやアザミ）やミツバチの交配実験も行っています。また気象学の分野では生物学よりも多くの論文を書いており、生前は気象学者として有名でした。自ら死の直前まで毎日三度、温度、気圧、雨量、地下水位、大気中のオゾン量を測定し続けました。こういう実験におけるまめさや慎重さと、そして大胆な数学的処理との両方があったからこその発見であり、やはりメンデルは大天才ですね。でも、アイデアの種子はまわりにあったのであり、決して彼が宇宙人のように突拍子もないことを思いついたのではないと思います。

以上、メンデルにちょっとけちをつけるような書き方をしてきましたが、彼を最初から神棚に上げてあがめたてまつるよりも、こんなふうに見てみると、遥かかなたの雲の上の人、孤独で偏屈な偉人という感じが薄れてきます。もちろんメンデルは大天才で、われわれが足下にも及ばないのは確かですが、でも僕だって少しはメンデルに近づけ、なんとか生物学がやれるかもしれないなと、ちょっとは元気が出てくる気がしてきます。だからこんなふうな言い方をしたかったのです。

メンデルとダーウィンの総合

ダーウィンにより提唱された進化説は、その後の人たちにより、次のような形にまとめられました。①生物は変わる、つまり進化する。②祖先の種から枝分かれするように、新たな種が進化してくる。③祖先の種の間で、生殖し合わなくなるものが出てきて（つまり生殖隔離が起きて）新種が形成される。④進化はゆっくりと段階的に起こる。⑤個体が環境に対して適応的な変化を示し、それが自然選択によって選別されるという過程を積み重ねて新種が形成される。

このダーウィンの進化説と、メンデルの遺伝子説が総合されて、現代生物学の主要な考えが形作られました。総合はこんなふうになされています。「遺伝子の変化が形質の変化として現れ、変化した形質をもつ個体が環境により適応していれば、自然選択の結果、多くの子を残すことになるため、変化した遺伝子は個体群の中で広がっていき、そのような過程が積み重なって新たな種が形成される」。

これをさらにまとめれば、進化は以下の二つの過程から成っていると考えられます。①自己を複製する過程（これがメンデル遺伝で、時々複製に間違いが起こる）と、②まわりの物理環境や他の生物たちと相互作用をする過程（ここでダーウィンの自然選択が起こる）。

メンデルとダーウィンとが、こういう形で総合されているのです。複製も相互作用も、どちらも多様性を生み出します。さまざまな相互作用があるから、さまざまな適応が出てくるのですし、複製される際に異なるものがたまにできてくるから、多様性が生み出されるのです。

たまにしか間違わない、だから根付く

複製とは同じもののコピーをつくる過程なのに、なぜ多様性を生み出すのかと疑問に思われるかもしれませんね。それは同じものを複製し続けるのが原則だからこそ、たまに生じる間違いが根付くことになるからです。親と同じものが複製されれば、それが続きもするし数を増やしてもいけますが、複製のたびに違ったものがつくられたなら、たとえ優れたものができたとしても、その次の複製では変わってしまい、良さが根付くことがありません。また、親は現在の環境に適応していますから、これは成功作なのです。それとんでもなく違うものをつくればば、そのほとんどは失敗作になるに違いありません。ですから複製と呼べるほどいつも完璧に同じコピーをつくり続け、時たまわずかに変わったものの中により上手に生き残れるものができてきたら、それがまたそのままコピーされ続けるという複製法が、多様性を根付かせる着実なやり方です。めったやたらに変化すれば良いというわけではありません。メンデル遺伝は変わらずに続く、つまり一様性の話なのですが、長い目で見れば、それが多様なものを生み出す原動力ともなっているのです。私たちの時間の尺度ではほとんど変わらないけれど、もっと長い目でみると大いに変わる、これが生物というものです。

以上が進化の総合説という正統的な考えですが、これに対する批判も出てきました。主なものの一つ、リチャード・ドーキンスなどによる批判（利己的遺伝子説）を取り上げておきましょう。コピーされてそっくりそのままのものが次の世代に伝わるのは遺伝子であり、個体について見れば、子は親とそっくりではありません。変化が長い時間をかけて次第に積み重なっていくという歴史が進化につながるとするのなら、個体がどう変わっていったかではなく、遺伝子がどう変わっていったかに注目する方が、より直接的なので、進化は遺伝子を主役に考えるべきだとこの批判者たちは言います（ドーキンス『利己的な遺伝子』）。

個体の地位の低下

ドーキンスによれば、個体は遺伝子と環境との間の相互作用や、その複製過程を媒介するものでしかありません。注目している遺伝子が、よりたくさん複製されるかどうかが問題なのであり、個体がより生き残るかどうかは、遺伝子の複製の成功に影響をおよぼすという間接的な形でしかこの問題に関わってきません。

進化は、①複製と、②環境との相互作用を通しての選択、という二つのプロセスにより起こるのですが、この二つを担っているものを分けて考えるべきだとドーキンスは主張し、複製を担当するものを「自己複製子」、まわりの環境と相互作用して選択を受けるものを「相互作用子」と呼びます。遺伝子が自己複製子に対応します。そして個体（生物体）が（大まかに言えば）相互作用子に対応します。普通は個体が生殖して複製し、それに選択がかかると考え、個体は自己複製子も相互作用子も兼ねているとみなします。だから個体がわれわれにとってきわめて大きな意味をもっているのですが、利己的遺伝子説では、複製の機能を個体から遺伝子に移してしまいました。

こうして個体は複製子ではなくなったのですが、この説では、個体は相互作用子そのものでもなくなりました。じつは複製の成功に影響するものは個体ばかりではありません。たとえば、上手なダムをつくるビーバーがいれば、よくできたダムはその個体を成功させ、たくさんの遺伝子のコピーを残すことにつながります。ダムをどうつくるかの行動も遺伝子に書き込まれているでしょうから、ダムは遺伝子の働きが表現されたものと言え、ドーキンスはこのようなものを「延長された表現型」と呼びます（ドーキンス『延長された表現型』）。表現型は個体に限ることはなく、行動を通して個体の外へと延長していると考えて、延長された表現型であるビーバーのダムやクモの巣も相互作用子に含まれるとするのです。ミツバチの巣はその構成員もろともに環境からの選択を受けるのだから、巣を構成しているコミュニティーも相互作用子だとまで、相互作用子の範囲を広げて考える人もいます。このようにどこまで遠くへ延長させるかは人により変わりますが、いずれにせよ個体と延長された表現型を示すものたちをも含めた総体が相互作用子となります。というわけで利己的遺伝子説に立つと、個体の地位がずいぶんと低下してしまいます。ドーキンスは個体を遺伝子の乗り物と形容しています。

利己的遺伝子説では遺伝子のレベルにおいても、個体単位のまとまりの地位が低下します。そっくりに複製されるのは個々の遺伝子であり、個体をつくっている遺伝子の組（ゲノム）はそっくりには複製されません。だから個々の遺伝子が一番の基本となります。それぞれの遺伝子が利己的にふるまうのです。

ただし現実には遺伝子一個が単独で存在しているわけではなく、一緒にまとまって、個体中にゲノムとして存在しています。ある遺伝子に注目した場合、それが特定の他の遺伝子たちと一緒に存在していると複製の成功率が高くなるようならば、そのような、他の遺伝子たちとチームを組む遺伝子が個体群中に広がり、結局、ゲノムという組になって個体という乗り物をつくることになるわけで、ドーキンスも個体を無視しているわけではありません。でも利己的遺伝子説では個々ばらばらの遺伝子が主役であることにかわりはなく、個体というまとまりをつくる遺伝子セットであるゲノムも、ヒトという種としての遺伝子プールのまとまりも、重要度が下がってしまいます。

利己的遺伝子説は、生物学における粒子主義の純粋な形でしょう。個々の遺伝子はそっくりに複製されるから、不死です。遺伝子は他のものと手を結んでも自身は変わることのない不変のもの。そしてカチッとした粒子状のものとしてイメージできます。世代を超えて変わることなく続く基本の粒子としての資格を備えているのは個々の遺伝子のみです。だからこれが大切。相互作用子は個体から外まで広がってきっちりした境界をもっておらず、また不変・不死でもなく、基本粒子としての資格を備えていません。というわけで、個体は基本粒子を運ぶ乗り物の位置にまで重要度が下がってしまいました。利己的遺伝子説は、メンデルから始まった生物における基本粒子探索の、行きついた先なのだと私は思っています。

はたして遺伝子は粒子か？

生命力などという摩訶不思議であやふやなものではなく、遺伝子というきちっとした粒子状の実在物によって支配されているという考えは、とてもすっきりしていて良いのですが、遺伝子の実体がDNAという高分子だということが明らかになり、DNAの働きが分かってくるにつれ、はたして遺伝子としてのDNAは、粒子的性質を満たしているかどうかが疑問になってきました。メンデルにおける遺伝子は、表現型に差異を与えるものという概念で、これは粒子としてくっきりまとまっています。ところがそれに対応する実体としてのDNAとなると、粒子性があいまいになってくるのです。

DNAの、ある一ヶ所に並んでいる塩基配列が指定している一個のタンパク質だけで、特定の表現型が生まれるのなら遺伝子は粒子的だと言えるのですが、実際にはそれほど単純ではありません。多くの場合、たくさんのタンパク質が表現型をつくり出すことに関係しており、それら多くのタンパク質を指定している塩基配列は、染色体上の異なる複数の場所にばらばらに存在していたりもします。それら全部の塩基配列が遺伝子だということになると、これはまとまって粒子状になっているものではありません。また、一ヶ所に並んだ塩基配列のみがその表現型をつくり出す場合であっても、その塩基配列が読まれるためには、読まれるようにスイッチを入れる塩基配列が必要であり、それは本体の塩基配列から、DNA鎖上でかなり離れた位置にあることも多いのです。またスイッチが入るには、そうなるような細胞内の環境をつくる他の多くの塩基配列も関わってきます。そして、こういう遺伝子群が、複製の際、一緒にまとまって行動するとは限りません。違う染色体上にあれば、減数分裂の時に離ればなれになりますし、同じ染色体上にあっても、DNA鎖の遠く離れた位置にある塩基配列は、減数分裂の際の交叉により、行動をともにするわけでもないからです。遺伝子という概念にはくっきりとした境界があってまとまっているのに、現実に存在する実体としてのDNA配列になると、境界がはっきりせずまとまりがなくなる、これが現実の世界というものですね。粒子主義はこの現実とどう関わるかが問題となってくるというのが、利己的遺伝子説に対する批判のひとつです。

延長された表現型としての〈私〉

厳密さを追求すれば、正確に複製されるのは個々の遺伝子しかありませんし、その遺伝子そのものは環境と直接相互作用はしていませんので、自己複製子と相互作用子とを区別したくもなるのですが、厳密に同じものを複製するだけでは続いていかないのがこの世というものです。だから自己複製子にも少々の違いを許す、つまり多様性を認めて、それでも同じものだとみなしてしまうのが生物のとってきた戦略です。そういう生物のやり方に従えば、個体は立派に自己複製子ですから、わざわざ自己複製子と相互作用子とを区別することもないでしょう。そこで自己複製子と相互作用子の両方を備えたものを〈私〉とこれ以降は書くことにします（それに対して、生物個体としてのふつうの意味のわたしは括弧のない私と書き、筆者としてのわたし本川は混乱しそうな場所でのみ迂生と書くことにします）。自己複製子は不死ですから、〈私〉も不死の面をもっています。

利己的遺伝子説のよいところは、個体に粒子性を求めなくなったため、個体の境界があいまいになり、延長された表現型も〈私〉として取り込めることです。迂生は延長された表現型をさらに拡張し、それがなくなれば私という個体がなくなってしまうものすべて、つまり私と運命を共にしている運命共同体の構成員すべてを〈私〉だとみなしたいと思います。

ニッチも〈私〉

どこに住みどういうものを食べるかという生活（つまりニッチ）そのものも、親とよく似ているのが生物です。似てくるのは遺伝子に支配された行動を介してのこともあるでしょう。親を見て学ぶ場合もあるでしょう。他の生物たちとの兼ね合いでそうなってしまうこともあるでしょう。また親が用意してくれた環境に住むことを通して似てくるということもあります。親は子を自分そっくりに生むだけではなく、子が生き残れる環境（つまりは、現在の自分がこうして生き残れたものとそっくりの環境）を用意するように努めることが多いものです。ニッチや、それを成り立たせている環境も、それがなくなると〈私〉の存続があやうくなるものであり、運命共同体とみなせます。だからそれらも〈私〉。もちろん〈私〉の度合い（〈私〉度）には違いがあるでしょう。個体そのものは〈私〉度一〇〇パーセントですが、その外側のものは、他の生物と共有されていたりもしますから、〈私〉度は下がります。でもやはりそういうものたちも、個体が生き残ることには、それなりの寄与をしていますから〈私〉の一部とみなすことにします。

こういうゆるゆるの〈私〉観をとると、ビーバーのダムもビーバーにとって〈私〉です。個々の遺伝子において相性の良い他の遺伝子と手を組むと自己複製の成功率が上がるのと同様に、相性の良い他個体と仲良くしているコミュニティー（生態学用語の群集とはコミュニティーの訳です）も自己複製の成功率を上げるでしょうから、これも〈私〉になるでしょう。アリやミツバチのような社会性昆虫において、巣全体が自然選択の単位になるという考え方を先ほど紹介しましたが、選択の単位になるのが〈私〉なら、ミツバチにとっては巣全体が〈私〉ということになりますね。

本書で提案したいのは、空間の上でも時間の上でもまわりと切れてはおらず、次世代や環境という時間的空間的なまわりをも取り込んだ〈私〉観です。まわりとの境界がはっきりせず輪郭がぼやけているのですが、それだけ広い範囲を含むものです。粒子説と波動説という物理学での二つの立場にこじつけて言えば、粒子的ではなく波動的な〈私〉観。バイオリンの音色のように、音は弦の振動も弓の振動も胴の振動も、まわりの空気の振動も、それに部屋の振動も、聞き手の鼓膜や蝸牛《かぎゅう》中の基底膜の振動も、すべてが関係してつくられている、そんな感じのものが〈私〉なのだというのがイメージです。

〈私〉の二つの矛盾

前章と本章とで、「私」というものは二つの大きな矛盾をはらんでいるものだということを述べてきました。一つ目の矛盾は、必ず死ぬが死なないということ。二つ目の矛盾は、同じではないが同じだということ。これらの矛盾は、永続することを至上の価値とすることから生じます。

このような矛盾をはらんだ〈私〉観を嫌って、厳密に同じで必ず死ぬものという、この現在の個体のみを私だと、ふつうは考えます。これは単純ですっきりしているのですが、生物とは何かという視点からするとやはり問題だと思うのですね。矛盾、すなわち多様性を含んだ〈私〉観が必要だと主張したいのです。

もちろん多様だと言っても、同じ〈私〉とみなせる程度の違いの範囲内でなければ〈私〉が続いていることにはなりません。生物が、〈私〉が続くことを目的としているなら、なんで、こんなにとんでもなく違う生物たちがまわりに存在するのでしょう。われわれ現存の生物すべては、おおもとになった始原の生物の子孫であり、それは単細胞の原核生物だったろうと思われますが、その始原生物である〈私〉からみたら、とても今のヒトなど同じ〈私〉とは認めてもらえないでしょう。あまりにも変わりすぎています。

このようなことが起きたのは、続いていくために〈私〉の多様性をある程度認めてしまおうとする生物の戦略が、はからずも種の多様性を生み出す結果となり、へたをすれば新しく生じた種に滅ぼされることにもなったからです。

種の寿命は一万～一〇〇〇万年と言われています。同じ種ならある程度〈私〉に似ているとするなら、最大限、種の寿命程度が〈私〉の続く限界ということになるのでしょう。一万年先のことなど想像も及びませんから、そこまで〈私〉が続けば御の字だと迂生は思うのですが、そんなだったら新種など進化してこない方がよい、種の多様性など、本当はない方がよいと言いたくなるかもしれません。でもそうもいかないのが現実です。ここでも現実の生物は矛盾をはらむものなのでしょう。

終章　生物多様性減少にどう向き合えば良いのか

この最終章では、生物多様性の急速な減少に、私たちはどう向き合っていったらよいのかを考えてみることにしましょう。

「守るべき」とは価値の問題

生物多様性を守るべきかどうかは、守る価値があるのかという価値がかかわる問題です。生物多様性そのものに価値があるのか、多様な生物で成り立っている生態系に価値があるのか、いろいろといる生物それぞれが価値をもっているのか、を問うことになります。

何が価値があるかといって、自分以上に価値のあるものは、まずないでしょう（神により高い価値を置く人もいますが）。そして他の人々にも価値を認めるのは当然のことですし、日々お世話になっている生物たちにも、それなりの価値があります。ではそれ以外のものはどうなのでしょう。一〇〇〇万もの種がいるということは、そのほとんどは見たことも聞いたこともないものなのです。こういう有象無象の生物たちに価値があるのでしょうか。これらの価値は誰が決めるのでしょう。

二つの価値

生物多様性条約の前文に、「締約国は、ⓐ生物の多様性が有する内在的な価値、並びにⓑ生物の多様性及びその構成要素が有する生態学上、遺伝上、社会上、経済上、科学上、教育上、文化上、レクリエーション上及び芸術上の価値を意識し」と書いてあります（ⓐ、ⓑは迂生がつけたもの）。そもそも自然の価値を問題にする際には、二つの見方があります。一つは「手段的な価値」（道具的価値）。これは人間にとって有用なものを価値があるとする考えで、価値の有無を決めるのは人間です。そのものを手段（道具）として使うと自分にとって価値のあることができるから、手段の方にも価値があると考えるのです。もう一方の価値は「内在的な価値」。これは人間がどう評価するかとは関係なく、存在そのものに価値があるとする見方です。前文のⓐが内在的な価値、ⓑが手段的な価値で、ⓑのところに生態系サービスが列記されているのは、生態系サービスとは人間に役立つもののことだからです。

それにしても内在的な価値などという、その道の専門家しか知らない学術用語がこんな場所に出てくるのには奇異な感を否めません。じつはこの箇所は、原案では内在的な価値などというなじみのない言葉ではありませんでした。「人類が他の生物と共に地球を分かちあっていることを認め、それらの生物が人類に対する利益とは関係無しに存在していることを受入れ」となっていたのです。まことに分かりやすい文章です。ところがマラリアを媒介する蚊のようなものをも価値ありとするのは困るという意見を受けて、現在の形になったという経緯がありま す（堂本暁子『生物多様性』）。もちろん内在的な価値を認めれば蚊にも価値があることになる のですが、そのあたりを難しい言葉を使って曖昧にしたのでしょう。

内在的な価値

宗教の立場

「内在的な価値のあるものを人間が勝手に滅ぼすことはできない。だから今の生物多様性はそのまま守られるべきだ」と考える人たちがいます。これは宗教的な背景をもつ人に多く見られます。たとえば汎神論の立場に立つなら、それぞれの生物に神が宿っているから価値があることになります。仏教なら解脱できないものは輪廻転生し、そこらにいる生きものは、誰かの生まれかわりかもしれません。「山鳥のほろほろと鳴く声きけばちちかとぞ思ふはかとぞ思ふ」（行基）です。父母の生まれかわりですから、これは大切にしなければなりません。キリスト教ですと、すべてのものは神様がお造りになったのだから、皆、価値をもっていると考えます（神は人間に、他の生物を自由にこき使っていいとのお墨付きをお与え下さったと考えるクリスチャンもいますが）。

エルトン（イギリスの動物生態学者）は自然を保護する理由の第一に、これは宗教的といって よいものだがと前置きして、「世界中で何百万人かの人たちは、動物は生存し、他から干渉されない権利を持っており、したがって、動物は迫害されてはならないし、種を消滅させるなどもっての外だ、と考えている」と書きます（『侵略の生態学』）。

みんなちがって、みんないい

この何百万人は、すべてが厳密に宗教の教義に基づいてそう思っているわけではないでしょう。特定の宗教に属さなくても、あらゆる生命に価値があるとする生命中心主義の立場をとることができます。たとえば、「生物は生き延びる（続く）という目的をもっている。目的があれば、目的のために役立つものには価値があるのだから、生物は自身で価値をもっていることになる」のです。もちろん各生物が「勝手に」進化の過程で獲得したそういう価値を、人間がいちいち守るべきかは議論のあるところですが、そもそも続くというヒトにも通じる共通の目的を生物はみなもっているのだから、こういうものたちは守るべきだと考えてもいいでしょう。

生き延びて続いていくやり方は、生物により千差万別で、そのため異なる種はそれぞれ独自の生活様式・独自の世界をもっています。今いる生物はすべて生き延びることに成功した成功者なのですから、「みんなちがって、みんないい」と言えますね。そういうものたちは滅ぼしてはいけないという立場もあるでしょう。私はこの立場です。正直に申せば、皆がみないいかどうかは分かりません。でも違うものたちと付き合う上では、「みんないい」をたてまえとして付き合うのが動物学者としての礼儀だと思っているものですから、余計なことは考えずに

「みんないい」と言い切っています。

生物は長い歴史をもち、いったん失われたら再び同じものが進化してくることなどありえないものです。こういう歴史性と唯一性をもつものはかけがえがないものだから尊重すべきだ、価値があるのだという立場もあります。

生態系の価値と生物の権利

生態系そのものに価値があるという考えもあります。生態系のような多数の要素が複雑に関係し合いながら、なおかつ統合されて働いているものは希有の存在であり価値があると考えるのです。もし生態系に価値があるなら、どんな種も生態系が今ある形で安定していることに何らかの役割をはたしているのですから、どの種にも価値がある、だから絶滅させてはならないという考えが導けます。個々の生物種に価値があるという立場から出発しなくても、生態系という統合された全体の方から出発しても、個々の種に価値を見いだすことができるわけです。

また、人間に人権があるように、生物にも権利があるとする考えがあります。権利をもつとは、内在的な価値をもっているということですし、権利があるのなら、それを守ってやる義務も生じます。権利には生存権も含まれるとすれば、その生物の生存は守らねばなりません。ノルウェーの哲学者アルネ・ネスはディープ・エコロジー運動の原則として生命圏平等主義をかかげ、あらゆる生物には等しく生き栄える権利が与えられており、そのことは直感的に理解される価値原理だとします(ドレングソン・井上有一編『ディープ・エコロジー』)。ただし生物の権利は動物愛護の立場で論じられることが多く、その場合は、動物が苦しまないように配慮すべきだが、苦痛を与えなければ殺してもかまわないし、苦痛を感じないもの(たとえば植物)は配慮の対象にならないというように、生物によって扱いに差が出てきます。

このように内在的な価値を認める場合でも、すべての生物が平等の価値をもつと皆が考えるわけではありません。他の生物より人間に大きな価値を置くのは常識的な感覚でしょう。蚊や病原菌に負の価値を負わせるのも理解できることです。それはそうなのですが、今のように人間がのさばり、自分の価値ばかりをこんなに偏重してよいのかという人間中心主義に対する反省は当然出てきます。また、多様な生物は個々のものとしての価値はわずかかもしれないが、総体としての自然の偉大さの前に、人間はもっとへりくだらなければならないという意見もあるでしょう。キリスト教の一つの考え方では、人間は神に似せて造られていて、生物の中でも一段と高い地位にあり、神が造り出されたもの(被造物)の管理をまかされていると考えます。スチュワードシップ(神の財産の管理人としての地位)があるのだから、きちんと生物多様性も管理する責任があり、この急速な多様性の減少には手を打たねばならないと考えます。

生物と人間をつなぐもの

多様な生物たちに内在的な価値を認めることから、生物たちを守るべきだという結論は、直接には導き出せません。導き出すには、人間と生物たちをつなぐものが必要です。たとえば神や「続くという目的」など、両者に共通のものを考えるか、礼儀や「権利―義務」という人間が生物と付き合う上でのルールを持ち出す必要があるのです。そのルールの欠如が問題なのですね。シュバイツァーは言います。「従来の倫理すべての大きな錯誤は、ただ、人間の人間に対する関係のみを問題にしていたことにある」（『わが生活と思想より』）。彼のルールは「生への畏敬」でした。「人間は、自分の生命の神秘および、世界に充満する生命と自分との関係の神秘に思いいたすようになれば、かならず自分自身の生命と、自分の接触するすべての生命とに『生への畏敬』をささげ」るものであり、「われは生きんとする生命にとりかこまれた、生きんとする生命である」と言います。

バイオフィリア

エドワード・ウィルソンは人間と生物たちとの関係としてバイオフィリアを持ち出します。バイオ（生物）＋フィリア（愛）という造語です。彼はこう書きます。「人間以外の生命を愛する能力も、愛する傾向をもっていることも、人間の生得的傾向の一つであるらしい。この現象はバイオフィリアと呼ばれ、生命や生命に似たものに注目し、ときにはそれらと情動的に結びつく生得的傾向と定義される」（『生命の未来』）。まわりの生物に無関心な個体は、生物たちのつながりでできている環境の中で上手に生きていくことなどできないでしょうから、進化の過程で淘汰されてしまい、バイオフィリア的傾向が体に備わったものが生き残ったことは確かかもしれません。ウィルソンは自然への愛を、人間の進化の過程で選択されてきた普遍的かつ生物学的な適応とみなします（タカーチ『生物多様性という名の革命』）。ただしそれは動物としての進化の過程で適応的だったのであり、現代人にとっても適応的かどうかはわからないところです。現代人としての私が生物多様性を守るべきかは別問題なのです。

功利主義の世では内在的な価値論は無力

以上、人間と生物との関係として持ち出されているものは、万人によって認められるものではありません。神は信じている人にしか有効ではないし、権利などは内在的な価値以上に認める上でのハードルが高いものでしょう。生への畏敬もバイオフィリアも、感じられる人には感じられるでしょうが、一般的とは思えません。また、ウィルソンもネスも生物多様性の価値を熱っぽく語るのですが、彼らはそもそも自然や生物が好きな人たちであり、好きな人が好きなものを勝手に持ち上げているという印象が否めないのです（ちなみに私は生物好きの人間ではありません。嫌いなものとも付き合うのが大切という意味を込めて、愛などとは言わずに礼儀という、より「冷たい」言葉を使うことにしています）。

内在的な価値に基づいて生物多様性を守るべしという意見は、内在的な価値を認め、さらに人間と生物との特別な関係を認め、と二つの高いハードルを乗り越える必要があります。そのためでしょう、内在的な価値を認める意見はどれも立派なのですが、生物多様性を守るべきであるとする考えの主流にはなっていません。主流派はあくまでも、人間にとって生物多様性に価値があるから守るのだという、手段的な価値のレベルで議論しています。

それはそうですよね。現代社会は功利主義と利己主義で動いています。まわりの人間の利害を損ねない範囲で、各人は自分が幸せになろうと利己的にふるまっています。そうやって最大多数の最大幸福が実現できる社会を目指すのが功利主義です。功利主義であれ利己主義であれ、自分にとって役立つものにしか価値を認めません。つまり手段的な価値のみが問題になります。もちろん、多くの人は皆、生物を殺すのはかわいそうだという感情を持っているでしょう。でも、それ以上に自己の欲望を満足させることを大切にしているから、欲望の充足に役立たないものには、とりわけての価値は置かない、配慮はしないという結果になるのだと思われます。そういう現状を認めた上で、役に立たない有象無象の生物たちをも含めての生物多様性を大切にする姿勢はどうしたら出てくるかを、これから考えていくことにします。

一〇〇〇万種もの多様性は必要か？

豊かな暮らしに生物多様性が大切なことは、第一章の生態系サービスのところで述べました。ここでの主役は種の多様性です。さまざまな種がいるからこれほど多様なサービスを受けられ、暮らしが豊かになっているのです。

確かに生物多様性は大切なのですが、ここで疑問になるのは、一〇〇〇万種以上も存在するという種の多様性が、はたして必要なのかどうかです。食料とすることのできる植物は八万種ほど知られていますが、全地球で必要とする栄養の九五パーセントはたった三〇種の作物から得られているのが現実です。供給サービスで普段お世話になっている生物は、せいぜい数百種程度。グルメなんて言わないから、これ以上食卓に上る種が増えなくていいと言ったら、今の栽培品種を作り続けるだけでもう十分です。生物多様性が新薬発見の宝の山だとしても、「もう十分長生きになったのだからガンの新薬などいらない、そもそも自然ではヒトはそんなに長生きするようにはできていない、これ以上長生きしなくていい、さらに長生きさせようというのは、死にたくないという人間の弱みにつけ込んで儲けようという製薬会社のあくどい戦略でしかない」ときっぱり拒否した方が、生物学的には正しい態度かもしれません。

文化的サービスにしても、そんなものは直接生死にかかわるものでもなし、まわりの自然が文化をつくると言ったって、今はコンクリートジャングルと電子ネットワークという環境の中で人が育っていく文化に変わってしまいました。なにもやっきになって古くさい文化を固守すべく、その基礎になっている生物多様性を守ることなどないと言い放っても、それほどの暴言ではないでしょう。生物多様性が減少しても、供給サービスにおいても文化的サービスにおいても、それほど重要な問題は生じないと思われます。

基盤サービスと調整サービスに関してはどうでしょうか。これらにとっても、ある程度の生物多様性はいります。生態系の安定のためには多様な種がいることが必要だからです。ただしここでも一〇〇〇万種も必要かという疑問は成り立ちます。五種の生物からできている生態系と一〇種からなる生態系とを比べれば、種の数の多い方が安定していることは確実でしょう。でも五〇〇万種と一〇〇〇万種ではどうでしょうか。生態系が安定するのに、最低限何種の生物が必要かは誰も知らないのですが、五〇〇万種でも最低限の数をはるかに上まわっていると思われます。一〇〇〇万種が五〇〇万種に減っても、安定性にそれほどの違いは出てこないでしょう。「このままの速度で絶滅が続くと、今世紀末には種の半分がいなくなる、大変だ！」と生物多様性を守ろうとする人たちは声を上げるのですが、「だから何なの？」とクールに答えても、生態系サービスの上からは問題なさそうなのです。「生物多様性などもっと少なくても大丈夫。生物多様性の保全運動は趣味や贅沢に属するもので、自然の好きな人がもっぱら活動すればいい。私はそんなことに興味はない」という態度をとっても、何ら問題がないことになります。これでは生態系サービスの低下に訴えて生物多様性の保全をいくら叫んでも、説得力は出てきません。

依怙ひいき作戦

そこでよくとられる戦略は、「今のような生態系破壊をやっていたら、ゾウがいなくなるよ、パンダがいなくなるよ、ゴリラがいなくなるよ」と、目立って大きいもの、可愛いもの、人間に近いものに特別の価値を与え、「それがいなくなったら損失は大きいでしょ。こういう大形の動物が生きていくには広い健全な生態系が必要だから、そこの生態系と生物多様性を守ろう！」と、他の有象無象の生物をも抱き合わせにして保全しようとキャンペーンをするのですが、まあ、これは一種のまやかし。「わたし、パンダなんてそんなに好きじゃないもん」と言われたらどうしようもありません。特別の生物にのみ特別の価値を認めようという依怙ひいき作戦は、好みの問題になってしまいますから、意見はさまざまで決着がつかなくなります。以上のようなわけで、なぜ生物多様性を守らなければならないのかを、説得力あるように伝えるのは困難です。

物理学的発想は生物多様性に価値を置かない

困難はまだまだあります。われわれが慣れ親しんでいる考え方からすると、生物多様性を守る価値など、それほどないと思われがちなのです。この点を以下に論じていきましょう。

私たちが慣れ親しんだ考え方とは物理学的発想です。現代人の思考の基礎は古典物理学が作っていると私はみなしています。われわれは小学校から高校まで、みっちりと物理学的発想を学ばされています。もちろん、理科も数学もだいっきらい、物理学なんて聞くだけでもおぞけが出るわという人もたくさんおられるでしょう。でもそんな方にも物理学的発想が体に染みついているのが現実です。日々の暮らしには技術（その基礎は物理学）が作り出した機器があふれており、また、現代社会のシステムそのものが物理学的発想で作られていますから、今の世に生きていくとは、物理学の発想に従って生きることにならざるを得ません。

「物理学の考え方は……ものごとを基本的に、単純に、統一的に考えようというものです」（有馬朗人『ふれあいＢｏｘ』一九九五年九月号）。単純も統一的も、多様性の対極に位置するものです。単純さや統一性に価値を置くとすれば、多様性はマイナスの価値しか持ちません。多様とは混沌・混乱です。たとえ多様性に価値を認めるとしても、統一原理を導き出すための材料としての価値だけで、多様な個々のものに固有の価値など認めません。だから物理学的発想は多様性ときわめて相性の悪いものなのですね。

物理学的発想の代表的なものが粒子主義と数量主義です。生物多様性の見方に対するそれらの影響は甚大ですので、そこのところを見ていきましょう。

粒子的私《わたし》観（物理学的発想・一）

粒子主義は物理学や化学において、そして生物学においても勝利を収めました。自然科学だけではありません。社会科学・人文科学においても粒子主義が基本になっています。経済学では、個人は合理的なふるまいをするものと見なします。つまり個人には個性など無く、同じ状況なら皆同じように合理的に行動するものだと見なし、そういう個人が市場において互いに何らの制約も受けずに自由にふるまっていると、見えざる神の手によってすべてがうまくいくと考えるわけです。市場を空間、個人を分子に置き換えれば、これは空間を自由に飛び回っている分子のイメージにそっくりでしょう。

社会契約説に基づく社会というものも、全く同じイメージです。社会は自己の幸福を追求している独立した個人からできており、個人のふるまいは自由なのですが、衝突した時にどうするかのルールだけは、自分の意志であらかじめ社会と契約を結んで決めておくとするのが社会契約説です。近代では自我の確立が重要だと強調されますが、これはまさに他とは明確に区別され、外部のものの影響を受けずに独立した粒子的自己の確立を目指していると言えるでしょう。社会とはこのような粒子的個人の集合体とみなされています。ちなみに個人は英語で individual。in（否定＝a）＋divide（分ける＝tom）ですから、まさに個人はアトム、原子なのです。われわれ現代人は粒子的な私観、人間観、社会観、自然観を持っています。だからこそ利己的遺伝子説という粒子主義の権化のような思想がもてはやされるのでしょう。

粒子主義においては、世界の基本は粒子という実体です（実体とは他のものとは独立してそれ自体で存在し、変化しないもののこと）。実生活のレベルでは私という粒子がすべての基本となります。これは分かりやすい考え方ですよね。この私が一番大切ですし、私という個体はまわりからはっきりと区別されるかちっとまとまった体をもった実在物であり、まさに粒子的です。

粒子主義における「粒子的」とは、①不滅、②不変、③明確な境界、という三つの性質が挙げられるでしょう。不変とはみずから変化はしないし、他と相互作用しても自身は決して変わらないことです。明確な境界をもつとは、外部とはっきりと区別され、そのものはきちんとまとまって凝集しているということです。

個体は粒子的か？

以上の三点は、そのまま私という個体に当てはまるわけではないのですが、なんとなく当てはめてしまっているのが粒子的私観の現実です。

個体には、性質①の「不滅」は成り立ちません。②の「不変」も厳密に言えばだめです。同じ状態でずっと続くということなら、不老不死でなければなりません。そうはなれないことは皆が知っています。そこで粒子的私観では、なるべく老いや死は見ないように、見えないようにします。理想の私は不老不死であり、老いや死は克服すべきものなのです。性質③の「明確な境界」は個体の性質そのものですから成り立つのは当然という気がしますが、はたしてそうでしょうか。

生物の特徴の一つに開放系ということがあります。個体はエネルギーも物質も外界から取り込み、またこれらを熱や排泄物として外界に放出します。物もエネルギーも絶えず出入りしているのです。ここで食物を取り込む場合を考えてみましょう。リスやハムスターは頬袋の中に餌を入れて運びます。頬袋の中の餌は、たぶんリスの一部と考えていいでしょう。では、われわれが家で食べようとリンゴを手に持って歩いていたら、リンゴは私の一部でしょうか。もっと言えば、口腔や、胃や腸という消化管は、消化するという役目の他に、食物を一時蓄えておく機能ももち、消化管の内部は外が体の内側に入り込んだものとも見ることができますから、リンゴを食べて胃に収めても、まだそれは私の一部だとは言えず、リンゴを消化吸収してはじめて私の一部になるとも考えられます。とすると、私という個体の境界は外から見える皮膚なのでしょうか、消化管の壁なのでしょうか。同じ疑問は、酸素を取り入れる肺や、尿を排泄する腎臓においても起こります。

私の抱く私のイメージ

こんなふうに細かく見ていくと、個体がしっかりした境界をもつかどうか、いささか怪しくなってくるのですが、〈私〉ということになると、さらに怪しさが増します。普通は「個体＝私」と考えてしまうのですが、延長された表現型も私だというのが本書の立場であり、この立場をとると〈私〉の境目はきわめて曖昧模糊としてきます。

ここでご自身のことを考えてみて下さい。まわりの人にあなたはこういう人物だというイメージを与えているのは、体や思考の特徴、つまり個体としての特徴ばかりではありません。持ち物、家族、付き合いのある人たち、家系、学歴、過去の業績等々、物であれ人間関係であれ、さまざまなものが総合されてあなたのイメージが作り上げられています。そしてじつは自分自身もそのようなイメージをもとに「私とはこんなものだ」と思い込んでいるのではないでしょうか。私というものから地位や業績や愛用の服や家などのすべてを取り除いて素っ裸にしたら、それでも私は私と思えるでしょうか。まさに裸にされてアウシュヴィッツに送り込まれた人間の人格が崩壊していく様子を『夜と霧』の中でフランクル（オーストリアの精神分析学者）は描いています。

迂生のまわりでもパートナーを喪う人たちが出てきました。パートナーを喪ったら半身を失ったように感じるとはよく聞く感想です。つまりパートナーは〈私〉の大きな部分をなしていたのです。だからパートナーは〈私〉の一部。夜もおちおち眠れずに自分の乳を与え、やりたいこともできずに自分の時間とエネルギーを注ぎ込んで育てた我が子は、遺伝子が共通などというレベル以上に〈私〉そのものでしょう。エネルギーを注ぎ込んだと言えば、三五年ローンで買ったこの家も自分の労働時間のかなりの部分が化けたものですから、もちろん〈私〉の大きな部分。それ以外にも、エネルギーと時間をかけて愛しみ慣れ親しんだものは〈私〉の一部になるのではないでしょうか。たとえば枕が変われば寝つけないのなら愛用の枕も〈私〉の小さな一部でしょう。会社の同僚だってお隣さんだって〈私〉の一部。家の前の道路も〈私〉の一部。だから毎朝身だしなみをととのえるのと同様、家の前にゴミが落ちていたら掃き清めるのが当然でしょう。そして自分の住んでいるご町内も、ふるさとも〈私〉の一部。

環境だってそうです。環境はその中で生活して慣れ親しんでいるものですが、それ以上に〈私〉です。環境が〈私〉をつくります。そして環境は運命共同体です。生物にとって、その生物の住んでいる環境が無くなれば、その生物は生きていけないのです。こういうものこそ〈私〉の大きな一部でしょう。

もちろん、すべてのものが同じ「〈私〉度」をもつわけではありません。子は〈私〉度ほぼ一〇〇パーセントですが、関わりの度合いにより、〈私〉度は変わり、かなり縁の薄いものまで、〈私〉の裾野は個体を超えて大きく広がっています。〈私〉は身のまわりに延長しており、思うほどには境界がはっきりしてはいないものでしょう。そして、まわりをどう取り込むかによって、〈私〉自身が変わっていきます。そういうものが現実の〈私〉だと思うのですね。でも、こんなふうには普通考えません。それは現代人が粒子的私観に支配されており、確固として外部から区別されるこの個体のみを私だと考え、不変の私が存在すると思い込んでいるからです。

それにまわりも〈私〉だなどとは思わない方が、楽と言えば楽なのですね。現実には子にもパートナーにも不満があるでしょう。もっといい家に引っ越したいとも思うでしょう。そういう理想とかけはなれた現実は私ではないとして、私から切り離して考えられるところが、粒子的私観の助かるところです。まわりも〈私〉だなどと言ってしまえば、〈私〉という現実は、ずいぶんとしょぼくれたものになってしまいますもの。粒子的私観は理想主義なのです。

粒子的私観の問題点

結局、粒子的な私とは概念としての私だと思うのですね。そもそも粒子とは概念（イデア）です。概念とは理想のものとして頭に描いたものです。となるとどうしても私がなりたいと思うものを私だと思い込みたくなります。そして、そういう理想の私が実現していない現実は、私が悪いわけではなくまわりが悪いのだと、まわりに責任を押しつけてしまいます。まわりのことに対して無責任になりがちで、生物多様性をはじめとした環境問題に責任をもって取り組む姿勢が生まれにくくなるでしょう。ここが粒子的私観の問題点の一つです。

粒子的私観はまわりのことに無責任になりやすいのですが、それは当然で、この考えでは粒子としての私が基本で一番大切ですから、利己的にふるまうのが当然ですし、私はまわりから独立していますから、どうしてもまわりには目が行きにくくなってしまいます。時間的にもまわりとつながりが切れているので、次世代のことなどまったく無視しがちになります。生物は続くことが本質であり、それを満たすために〈私〉が子として続くやり方を生物はとっているのですが、粒子そのものを不死と考え、粒子としての今の私という個体がどれだけ長生きして不死に近づくかだけを問題にし、次世代のことは気にかけないのが粒子的私観です。これは生物のあり方と真っ向から反するものです。迂生は、老いも、死んで子として生きることも、自分の中に生じる多様性だと考えていますが、そういう多様性を認めず、あたかも私という個体が不老不死のように暮らし続けているのが現代人でしょう。

粒子的な私においては、自分自身は変わらない、つまり一様なものですから、一様性に価値を置き、多様性の価値は低くなってしまいます。もちろん粒子的私も多様性を口にはしますが、そこでは自分に役立つもののメニューの多様さだけが興味の対象となります。ここもきわめて問題なのですね（後述）。

現実に存在している私は、相互作用子としてまわりの多くのものと関係をもっています。その中には自分の好きではないものもいろいろあり、たとえ理想の食べ物ではなくても現実にはそれを食べざるを得ない状況などしょっちゅう起きますし、食べれば毒になるものとも、それを避けるという形で賢く付き合わなければなりません。本当は別の餌を食べたい、別の場所に住みたいのだが、そのニッチはより強力なライバル種が占めているから、しょうがなくこっちを食べこんなところに住んでいるというように、ニッチを変える（ニッチシフトをしている）生物はたくさんいます。

結局、まわりの好きなものもそうでないものも、理想に合致するものも理想とかけはなれたものも、〈私〉の一部としながら（つまり〈私〉の中に多様性を同居させながら）理想とは必ずしも一致しない生き方をして、状況に合わせて変わり、境界もはっきりしていないものが現実の〈私〉なのでしょう。でも、そういうものが人間だ、生物というものだということを、粒子的私は認めたがらないのです。

仏教においては私という実体はない

仏教では、「私があるのなら、それは私の思い通りになるはずのものだし、また、ずっと私と共にあるはずだ。でも現実には、自分自身は自分の思い通りにふるまえないし、死んでしまうのだからずっと共にあることもない。だからそもそも私などというものは無く、私とは頭が作りだした妄想なのだ」と説きます。御説ごもっともです。しかし粒子的私観が確立している現代人に対して「私は無い、無我だ」などと言っても、妄言にしか聞こえません。そこで「私は無い」などとにべもないことは言わずに、私はあるのだが、私を概念としてではなく現実に近づけて捉え、苦労して育てている子どもも〈私〉、相互作用子として取り込んでいる相手も〈私〉と、〈私〉の範囲をより広く捉えるように提案したいのです。範囲を広げれば、どうしても〈私〉そのものが多様な要素を含むことになり、多様性に価値を置かざるを得なくなります。

仏教に「依正不二《えしょうふに》」や「依正一如《えしょういちにょ》」という言葉があります。依報とは環境、正報とは私、不二や一如は同じということ。つまり「環境は私だ」という言い方です。粒子的私へのこだわりを捨てれば、「私は無い」とも「環境は私だ」とも見ることができるようになるのですね。環境が〈私〉だとすれば、多様な生物たちのつくり上げている環境の問題は、まさに〈私〉自身の問題。それは好きだから守る、興味がないから考えないというレベルの話ではなくなってきます。

我思う

近代人の私《わたし》観に大きな影響を与えているのは「我思う、ゆえに我あり」というデカルトの考え方です。ここでの文脈で眺めると、これはまさにイデア的粒子的私観と言えると思うのですね。この考えでは、主体である精神のみが私です。私に肉体部分を含めてしまうと、体は老いて変わっていくし、まわりに日々適応しつつ変化もするし、食べるという形などでまわりのものを取り込んでまわりとの境界がはっきりしなくなってしまうから、肉体は私ではないと切り捨てます。そもそも粒子は概念です。素粒子も原子も分子も頭で定義したものです。だから不変で純粋ではっきりと一様なもの、つまりイデアとして定義できるのですが、肉体は現実に存在するもので、どんどん変わるし境界もはっきりしないから簡単に定義などできるものではありません。だからこそ、私から実在物としての肉体を排除して概念だけ、つまり頭で思うことだけを私としたのが「我思う」だと解釈できます。ドーキンスが自己複製子と相互作用子に分け、境界があいまいで変わりやすい相互作用子を単なる自己複製子の乗り物の地位に貶めてしまい、概念（イデア）としての遺伝子（自己複製子）をより重視したのは、これと同じ発想です。

私のものは私の一部

生物学と医学を学んでから心理学やプラグマティズム哲学を打ち立てたウィリアム・ジェームズは、思う主我（I）と、その主我に私として思われる客我（me）とが二重になって、全自我（self）をなしているのだと考えました。そして客我について次のように書きます。「人が我（me）と呼ぶものと我がもの（mine）と呼ぶものとの間の区別をするのは困難である。……人の客我とは、考え得る最広義においては、人が我がものと呼び得るすべてのものの総和である。単にその身体や心的能力のみでなく、彼の衣服も家も、彼の妻も子どもも、彼の祖先も友人も、彼の名声も仕事も、彼の土地も馬も、ヨットも銀行の通帳もすべてそうである」（『心理学』）。ジェームズは同じ箇所でこうも書いています。「われわれは揺れ動いている対象を扱っているのである。同じ対象が、ときには我の一部として、ときには単に我がものとして、さらに次の瞬間にはまったく関係のないものとして扱われるのである」。現実の〈私〉とはこんなものだと思うのですね。きれいに定義しようとするから「我思う」になってしまうのです。

開かれた「私」

上田閑照はデカルト的私を「「私」に閉じた「私」」としてそれを自我と呼び、それに対して「「私」が開かれた「私」」を自己と呼んで区別しました。そして開かれた「私」は、「「私は私ならずして、私である」。これが私ということである」と言います。近代人の私はあくまで私という実体にこだわります。「私ならずして」と一度私へのこだわりを捨てて外部に対して私を開いてしまうと、「実体とされていた『我』は幻として関係へと空解《くうかい》されるが、同時に、逆に、そのつど全関係が交わり唯一独自の仕方で集約されて映し出される結節点としての『我』が蘇る」。こういう開かれた「私」が自己だと言います（『私とは何か』）。

上田は西田哲学の継承者で禅の影響を強く受けていますが、ディープ・エコロジー運動もやはり禅をはじめとする東洋思想の影響を受けており、この運動の提唱者であるネスも自己と自我とを区別し、結び目のイメージとしての自己を提出します。「（ディープ・エコロジー運動は）環境という入れもののなかに個々独立した人間が入っているという原子論的イメージではなく、関係論的で全体野（トータル・フィールド）的なイメージ（世界の存在全体を本質的に結びついたひとつの連続体とみる、ホリスティックなイメージ）をとる。生命圏は本質的な固有の関係が網状に絡まり広がったもので、個々の生命はその関係の網の結び目にあたるというイメージである」（『ディープ・エコロジー』）。そして彼は自己の成熟の段階における子ども時代の生活の場であった身近な環境との自己同一化体験や身近な人々との自己同一化体験を考慮して「エコロジカルな自己」という概念を提出します。彼はこう書きます。「人間というものは、すべての面においてバランスのとれた成長をとげると、自己をあらゆる生命存在と——美醜、大小、知覚能力の有無にかかわりなく——『同一視』せざるをえないようにできている……デカルトは動物に対する関係において十分な成長をとげていなかった」。

「我思う」は、思う主体（自我）以外のすべてを私ではないと切り捨て、他者のみならず自己の肉体との関係も断ち切ってしまいました。この見方は、きわめてすっきりしていますが、やはり成長し切っていないもののように感じられるのですね。他者との関係は切れていて寂しいし、外界の豊かな存在は、自分とは何の関係もなくなって我は貧乏くさくなってしまいます。これは若者っぽい発想ではないでしょうか。若者は人間関係も狭く、まだ何も所有していないし成し遂げた業績もありませんから、思うだけでいいんだと粋がっているのが「我思う」的発想。でも迂生のような年になると、思う頭は惚けて怪しくなり、私の持ち物や家族や過去の業績や思い出を離れて何の私があるものかというのが正直な実感です。西洋の思想は若さが好きで、老いやそれに伴うものに価値を置く姿勢が少ないように思われます。

さらに一言いえば、「我思う」や利己的遺伝子は、学問的には厳密ですっきりしているのですが、それは現実のあやふやな部分を切り捨てているからです。だから学問的にいかにも正しそうに見えるからといって、それらを生活の指針にするのはやめておいた方が身のためだと、迂生は思っています。

「我思う」的消費社会の問題点

「我思う、ゆえに我あり」という見方に立つと、我と他のものとの関係が、どうにも面白くないものになると迂生は思うのですね。思う私以外は私が関心をもつ物体にすぎなくなってしまいます。脳死の議論で明らかになってきましたが、自分の肉体すら交換可能な物体とみなすわけですから（梅原猛編『「脳死」と臓器移植』）、他は推して知るべし。他人も生物も自然も、すべて私のための手段であり消耗品になってしまいます。となるとどうしても大切にしないし敬意をもって接しないことになりがちです。豊かになろうとものを購入しても、消耗されてそれは私の一部にならず、私は貧乏なまま。だからこそますますものを手に入れようとし、それでも満足できません。おかげでどんどん消費量が増えます。また「我思う」では思うことが大切ですから、実際に使うものが増えるのも、預金通帳の数値が増えるのも大差なく、バーチャルな豊かさ、思うだけの豊かさを追求するようになっていき、その結果マネーゲームというバーチャルな取引が幅を利かせ、それが実生活に大きく影響を与える社会になってしまいました。

こういう「思う私」に対して、購入したものを使い込むことにより、それが自分の一部になるという〈私〉観をもつと、購入すればそれだけ〈私〉が豊かになります。そして〈私〉の一部になったものは〈私〉なのですからもちろん大切にします。使い込んで〈私〉の一部にするには時間がかかりますから、そんなにたくさんのものを持てるはずがありません。年季の入ったよく使う持ち物は〈私〉なのだと考えると、それほどものの数が多くなくても、それらに囲まれた暮らしは豊かだと感じられるのではないでしょうか。この先、日本経済は衰退していく公算が大きいでしょう。そうなったとしても、それほど多くないものを、時間をかけて使い続けて行くならば、それなりに豊かと感じられるのだよと、衰退におびえることなく胸を張っていたいと思っています。

好き好き至上主義

「我思う」においては、多様性は我が選ぶメニューの中の多様性だけであり、それは好き嫌いの問題でしかなくなります。私が好きなものだけを価値ありとしてそれらとだけ付き合い、お気に入りをまわりに集めて自分の世界をつくるのが理想の生き方となります。好きでないものは自分の世界から排除してしまいます（これはすでにインターネットの中では実現されていますね）。

迂生は時々高校から、職業や進学先選びの参考になる話しをしに来てくれと頼まれます。そこで生徒向けの職業案内書をいくつか読んでみたのですが、どれも「こういうことが好きな人はこの職業」というように、好きなことで仕事を選ぶように勧めています。私の好きなことをやるのが自己実現であり、それが幸せ。現実に妥協することなく、現実の制約を受けることなく、イデアとしての理想の私、つまり自分の夢・希望をそのまま変えずに目指して、それが実現するのが幸福だと考えるわけです。昔は快楽が多くて苦痛が少ないことが幸福と考えられていましたが、今ではそんなのは当然でもう問題にはならず、自分の好きなものを選んで自分の好きな暮らしを実現することが幸福なのだと考えます。これが選好充足功利主義の立場で、迂生はこれを「好き好き至上主義」と呼ぶことにしています。私が好きという一つの価値観だけで自分の世界を一様に塗りつぶすのを理想とするのですから、好き好き至上主義は多様性を大切にする発想とは正反対です。好き好き至上主義をふりかざして、自分の嫌いなものとの付き合いを拒否してしまうことが、多様性の減少をもたらす大きな原因になっていると迂生は思っています。

多様なら中には嫌いなものもある

多様性を大切にする発想とは、多様なものの中には自身の嫌いなものも含まれているという事実を認めてそれを引き受けることだと迂生は思うのですね。嫌いなものたちとも付き合うという姿勢がなければ生物多様性は守れません。

普通、生物多様性というと、世界にはさまざまな生物がいるよという、自分の外の世界の多様性を指しますが、迂生は、自身の内にも（生物）多様性がある、そして、まず自身の内の多様性を認めることができなければ、自身の外の多様性ときちんと向き合うことなどできはしないと考えています。自身の内に死や老いという、好きにはなれないものが組み込まれているのが〈私〉です。そもそも〈私〉は多様なのです。〈私〉が続くためには（嫌いなところも多々ある）パートナーと協力せざるを得ないし、そうやって産まれた〈私〉の分身は、言うことなど聞いてくれないものですが、それも〈私〉の内の多様性でやっぱり〈私〉なのだと認めて、今の私はそれに道を譲って（いやいやであっても）死んでいくと、〈私〉はずっと続くことができます。嫌いなものも大切なのです。

〈私〉を取り巻くものたちの多様性ももちろん大切です。たとえばオオカミのような大形の捕食者はわれわれにとって危険ですが、彼らがいなくなったらシカのような草食獣が増えすぎて、私の生きている生態系が崩壊してしまいます。自分が嫌いで付き合いたくないものも、やはりその存在を認めてそれなりに付き合う必要があるのです。

自然や世界は、自分の好きなものだけでできているわけではありません。だから嫌いなものには目をつぶってしまえば、世界を正しく認識できなくなってしまいます。自分自身についてだってそうです。自身は老い、死にます。これを嫌だと言って認めなければ自身というものを正しく捉えられません。また、分娩はつらい、子育てはめんどうだと言って避ければ、〈私〉は続かなくなります。

我と汝

自分に都合の良いものだけを身のまわりに集めて世界を構築すると、自分自身もうすっぺらなものになってしまうとは、マルチン・ブーバーが『我と汝』の中で述べていることです。彼は相手との付き合い方を考える上で、「我とそれ」と「我と汝」という対比で考えを進めて行きます。相手の好きな面しか見ないとは、相手を真の存在として認めていないことです。どんな人間だって、どんな生物だって、どんな物だって、自分にとって好きな面だけをもっているわけではありません。自分の好きな面だけを見て付き合うとは、相手を、自分の好きを満足させる消耗品として遇していることになります。相手に消耗品として接するのが「我とそれ」という関係です。

相手を物ではない汝として認めて関係を結ぶには、好き嫌いに関係なく相手のすべての面を引き受けねばなりません。それが付き合う上での礼儀です。向こうが嫌がることをすれば、反撃されることだってあるでしょう。汝として認めるには、そういうことまでをも引き受ける覚悟が必要です。相手と相互性のある関係を結ぶということですね。相互性があれば相手に対する責任や義務やしがらみが生じ、それらが〈私〉の一部を形成して、理想や夢の世界に漂ってしまわないように、〈私〉という存在に重みをつけるのではないでしょうか。

ナマコは踏み絵

私はナマコを研究しています。ナマコは巨大な芋虫形をしていて眼などの感覚器官をもたず、面白い動きなど何もしない、じつに可愛げのない無愛想な生きものです。「ナマコの研究をしています」と言うと、「初めてナマコを食べた人は偉いですね」と決まったように言われますから、よほどグロテスクなものとほとんどの人に思われているようです。それでも魚介類としてわれわれはナマコと付き合っているのですが、私は食用にならないナマコの研究をしています。役にはたたず、可愛くもなく面白いところなどさっぱりなく、不可解な上にきわめてグロテスクというしろものと、四〇年付き合ってきました。付き合ってだんだん分かってきたことは、動物とはこういうものだというわれわれの常識がナマコにはまったく通用せず、彼ら独自のやり方があるということです。そのやり方はわれわれの想像を超えたものであり、そのやり方を理解した上でナマコを見直してみると、ナマコはナマコなりに辻褄があっており、彼らはわれわれとはまったく異なる独自の素晴らしい世界をもっていることが分かってきました。ついには、ナマコはすごいなあと尊敬できるようになったのです。とても付き合えないと感じたものを、尊敬できるところまでもっていくのが、この四〇年の動物学者人生でしたね。それでもまだナマコは可愛いとは思いませんし、好きにもなれません。好きでなくても尊敬することはできるものなのです。

一〇〇〇万種の生物すべてがナマコ同様、独自の世界をもっていると私は信じています。彼らのもつ、われわれとはまったく異なる世界を通して、逆に人間の世界を見てみれば、教わること、身を正すことはいろいろとありますね。つまりそういう手段的な価値が、彼らすべてにはあるのです。もちろん存在として彼らはわれわれと等価であり、内在的な価値をもっていると私は考えています。

嫌いと感じるのは、われわれ人間の常識では推し量れないからでしょう。われわれを拒絶しているように感じられ、そんな存在は嫌いと感じてしまいます。だからこちらも嫌いと言って付き合いを拒否するのですが、そういうものとも長い時間をかけて付き合っていると理解できるようになるものです。すると今まで踏み込めなかった世界も〈私〉の世界となり、〈私〉の世界は広がって〈私〉はより豊かになります。自分の好きなものだけで作った世界とは、きわめて狭い貧相な世界なのだと思いますね。だから何にでも嫌がらずに向き合う開いた姿勢が大切です。

『ナマコガイドブック』を出版した時、その前書きに、「本書を手にとられる方は、可愛くもなく、好きにもなりたくもない、われわれとはまったく違った世界や価値観をもつナマコを、それなりに理解し、共に生きていこうとされる方々であろう。皆様がおられれば地球の未来は明るい。ナマコと付き合う知恵が、さまざまな顔つき、さまざまな価値観、さまざまな宗教・信条をもつ人たちと、共に生きていく知恵へとつながっていくのだと私は信じているからである」と書きました。ナマコを大切に思えれば他の生物も他の人々も大切にできます。ナマコは、何にでも付き合う姿勢をもっているかどうか、つまりは生物多様性を大切にする姿勢をもっているかどうかの踏み絵になると迂生は密かに思っています。

共同体の中の〈私〉

近代社会のイメージは、自由な個人が最低限の契約を自主的に結んで、あとは自由に振る舞っている、あたかも分子が空間を自由に飛び回っているイメージに対応するものです。ただしこういう自由な個人（「原子論的な個人」「負荷なき自己」）は現実には存在せず、われわれはさまざまな負荷（しがらみ）の下で暮らしているのが実社会というものです。個人は状況の制約の下に行動を変えねばなりません。「状況の中の自己」が現実の〈私〉なのです。もちろんそういうしがらみから自由になることを目指してきたのが近代なのですが、そんな自由な社会とは、個人と個人との間の関係が失われてしまったものであり、そこが問題なのだ、我と汝という関係性が重要であり、そういう関係性によって築きあげられた共同体が失われていくことが問題だとブーバーは言います。迂生も、関係性が〈私〉というものを現実につなぎ止め、〈私〉を作っているものだと思うのですね。〈私〉は共同体の中で作られて変化していくものです。

これは今しみじみ実感しているところですが、共同体の中での役割によって、〈私〉のサイズだって変わるものですね。迂生は昨春定年を迎えました。職を退いたとたん、自分のサイズが急に小さくなったような気がしています。

ふつう、関係性は人間に対するものであり、人間以外のものは自己の目的を満たすための消耗品と見なしますから、それらへの配慮などいらず、対等な関係を結ぶ必要はないのですが、その考えが行きすぎると、まわりの存在すべてがいかにも軽くなってしまいます。まわりも〈私〉だと考えたい迂生としては、それでは〈私〉も軽く薄っぺらになってしまって困るのですね。だから功利主義という、まわりのものに手段的な価値しか認めない考え方に立つ場合であっても、人間以外のものにもある程度の内在的な価値を認めようではないか、そうすると結局自分自身の重みが増して得になるよと言いたいのです。

数量主義（物理学的発想・二）

物理学や数学の大きな特徴は、数式を使って考えるところです。数式が使えるということは、世の中の存在物を足したり引いたりできるもの、つまり同じ質のものであり、違いは数（量）のみだと見なしていることを意味します。

具体例を挙げましょう。リンゴは木から落ちます。月は地球のまわりを回っています。リンゴと月とでは大いに違います。つまり質的に異質なものです。そしてリンゴが落ちるのと月がまわるのとはまったく違った現象のように見えます。ところが月もリンゴも質的には同じもので違っているのは量だと考える、つまり月もリンゴも落体という同質のものであり、違いは質量という量だと考えると、二つの現象が同じ運動方程式で取り扱えるようになるのです。これがニュートンの偉大な発見でした。一見とてつもなく違っているものを、じつは質は同じであり（一様なものであり）、違いは量だけだと見立てていくのが物理学や数学の基本です。

貨幣経済は数量主義

このやり方は、物理学や数学の基礎をなしているだけでなく、経済の基本原理にもなっています。お金がこの考えに基づくものなのです。「ふとん」と「うどん」はまったく異なるものです。質が違います。「かけぶとん」で「かけうどん」の代わりはできません。だから交換がきかないはずなのですが、ふとんもうどんも質的に同じで、価格という量が違うものだとみなして値札を貼れば、交換できるようになります。貨幣経済は物理学と同根のものと言えるでしょう。貨幣は日々の暮らしに深く浸透していますから、私たちはすべてのものを、質的に違った多様でかけがえのないものとみなすよりは、みんな一様で、お金さえ出せば何でも買えるものと、何気なしに考えるようになってしまいました。これでは多様性という質的に違うものに価値を置く雰囲気は出てきません。

そこで、こんな世の中なのだから、生物多様性の価値をお金で表してアピールしようという動きが出てきました。生態系サービスをお金に換算してみようというのです。計算してみると年間一六〜五四兆ドル。世界のGDPは七二兆ドル（二〇一二年）ですから、それにかなり近い莫大な価値を生態系サービスはもっているのです。

これは確かに分かりやすい表現で、生態系サービスのすごさが伝わってきます。でもちょっとだけ水を差す言い方をすれば、生物多様性のきわめて重要なところは、質的に異なるものがいろいろといて、それらはかけがえがなくてお金では買えないというところなのですが、こうしてお金にしてしまうのですから、生物多様性はお金に換算できてしまい、かけがえがないわけではないよと言っているようにもとれ、これでは生物多様性の核心部分が伝わらない気もしてきます。

豊かさの転換が必要

貨幣経済においては、質の違いは言いません。量で考えます。すると量の多少というたった一本の物差しで価値が測られることになってしまいます。そうなるとどうしても量の多い方がいい、量の多いことが豊かなことなのだと考えがちになるでしょう。その結果が、（生物多様性をはじめとした）地球の財産を食いつぶしながら多量の物を生産して消費する今の社会です。大量消費社会は、貨幣経済という発想の当然の帰結だと私は思っています。この考え方を改めるなど至難のわざですが、ここで何とか手を打たねば地球はもちません、生物多様性も保てません。

このあたりで豊かさの物差しを変える必要があると思うのですね。同じものの量が多いのが豊かだとする数量主義的発想ではなく、質の違ったものがいろいろあることが豊かなのだ、多様性とは豊かなことなのだと、発想を変えるべきだと思うのです。価値を測る物差しを複数もち、それぞれの物差しに関しては量がそれほど多くなくてもいいとする、そういう豊かさに方向転換すべきだと私は思っています。

多様とは豊かなことなのです。ただしそういう豊かさを味わえるためには、受け取り手側が多様な価値に対して開いている、つまり自分自身が多様である必要があります。

科学信仰

日本人は科学を信仰していると私はみなしています。近代科学の基礎を築いたのはニュートンですから、この宗教を「ニュートン教」と呼んでおきましょう。ニュートン教はじつにありがたい宗教です。科学振興（信仰）にお布施を出しておけばどんどん便利な機械を作ってくれ、生活を快適に豊かにしてくれます。大いなる御利益があるのです。ニュートン教は罪の意識や未来への不安も解消してくれます。たとえ環境破壊を起こしているのが科学技術の結果であったとしても、それを解決するのも科学技術。「廃棄物を出し続けても、化石燃料を使いたいだけ使っていても、生物多様性を減少させるような生活をしていても、心配ありません、大丈夫、科学技術が近い将来きっと問題を解決します。今のままの生活を続けることに罪の意識を持つことはありません」と、科学は免罪符を与えてくれます。また科学は人類の進歩を保証し、未来の夢を与えてくれるのです。その夢は、あの世などという誰も行ったことのない「空手形」ではなく、もっと実現性の高いものです。これほどありがたいのがニュートン教ですから、われわれが「敬虔な」ニュートン教徒になっていくのは当然のことでしょう。「敬虔な」とは、教義を精査した上で自覚的に信じるのではなく、知らずしらずにニュートン教やその考え方の癖である粒子主義や数量主義への信仰が身に染みついた状態です。

数量主義は生物多様性と相性が悪い

さて、その数量主義への信仰ですが、現代人は数字を出されると客観的な事実だと思って信じるが、数字がなければ信じないという癖がついてしまっており、その癖と生物多様性とは、きわめて相性が悪いのです。なにせ生物多様性に関するすべての数値が、じつに曖昧なのです。一年にどれだけの種が絶滅しているのかも不確かだし、おかげでこのまま絶滅が進むとどれだけの生物多様性が失われるかの予測もきわめて不確かなものでしかありません。そしてそもそも生物種の総数だって不明なのです。

生態系の安定に必要な種の数がわかっていませんから、どこまで絶滅が進んだら危ういのかの判断基準も決められません。そもそも生態系の、曖昧さのない数値予測は困難なのです。生態系は、質の異なる多くの生物たちが相互に複雑な関係を結んでできているものであり、事実の調査そのものが困難なだけでなく、調査結果をもとに先を予測することにはさらなる困難が伴います。第三章で述べたように一〇〇〇〇－一＝一〇〇などという、普通の算数が通用しない事態が生じてしまいます。だから数式を使ったシミュレーションが難しく、生物多様性に関しては、予測値に裏打ちされたはっきりしたことが、なかなか言えません。

そんな不確かな数値をもとに生物多様性が減少していると言われても、その発言を重要とは受け取れないでしょうし、ましてや行動を起こす気など起きないでしょう。そこを心配してエドワード・ウィルソンはこう言います。「生物多様性について、私がもっとも繰り返し投げかけてきた問いは、『もし一定以上の数の種が姿を消したら、生態系は破壊され、その後すぐに他の大部分の種も絶滅するのではないか？』というものだ。いまのところ、この問いに対して可能な答えは『その可能性はある』だけだ。しかし、本当の答えがわかったときはもう遅いだろう。それは、ひとつの惑星で一度しかできない実験なのだ」(『生命の多様性』)。

好ましくない予測を優先せよ

そこでこういう問題に向き合う際には、科学的にはっきりしていない(きっちりとした数字で示されていない)から何もしなくていいという判断を下さないという態度が必要になるのです。ハンス・ヨナスは環境倫理学の名著『責任という原理』において、「(たとえ科学の予測があいまいでも)好ましい予測よりも好ましくない予測を優先しなければならない」と言います。恐れの感情を大切にして、好ましくない予測通りにはならないようにすべきだと考えるのです。しかし「好き好き至上主義」にとらわれている現代人は、どうしても事態の明るい面(つまり自分の好きな面)のみを見て暗い面には目をつぶって考えないことになりがちです。目をちゃんと見開いて最悪の事態を想像し、恐れおののくべきだと思いますね。東日本大震災での福島の事態など、まさに恐れの感情を無視した結果でしょう。

生物学的世代間倫理

予測とは未来に関するものであり、未来の担い手は次世代の人たちです。ここで問題になるのは、現代人は功利主義者であり、功利主義は次世代に配慮しないところです。功利主義においては、各人が自己の利益を追求します。追求すればぶつかり合うことも出てくるので、（しぶしぶ）他人のことに配慮しますが、裁判で負けなければ配慮の必要はありません。そして次世代の人は裁判に立てませんから、彼らに配慮する必要など、もちろんありません。だから功利主義では世代を超えた倫理は成り立たないのです。

生物多様性の問題は、この多様な世界を次世代に残すべきであるという次の世代への配慮が関わってくる問題です。だから功利主義、つまり現に生きている人たちの幸福だけを問題にする倫理観が広く受け入れられている現状では、生物多様性の減少がなかなか問題になりにくいのです。この問題は、次世代をも考慮する倫理である世代間倫理で取り扱わねばなりません。本書で主張している「子は〈私〉だ」という時間的に開いた〈私〉観に基づけば、今の世代が次世代の利益をも代表して裁判に立て、功利主義の立場をとっても次世代のことを考えられるようになります。そして「今ある多様な自然を次世代に残すべきである。それは、私たちが生きていけることが保証されている環境を残せば、次世代の〈私〉が生き残る確率が高まるからである」と主張できます。このような、次世代のことを考えた行動を基礎付ける倫理が今の社会には是非とも必要です。ここで提案したような「生物学的世代間倫理」がその役割をはたせると私は思っています。

広い利己主義のすすめ

ヨナスは「汝の行為のもたらす因果的結果が、地球上で真に人間の名に値する生命が永続することと折り合うように、行為せよ」と言います。①「永続する」と、②「真に人間の名に値する生命」というところが大切な点です。

生物多様性が①の「永続する」ことにとって大切なことは本書で強調してきました。もちろん一〇〇〇万を超す種のすべてが永続することに必須なものかはわからないのですが、そこは恐れの感情をもって問わないことにいたしましょう。今の環境がそのまま続けば、次世代が生きていけることは確実なのです。たとえもう少し種数が減っても問題が起きないとしても、誰も正解を知らないことですから、あやういことはさけるのが大原則です。

では、多様な生物に囲まれていない状態になったら、②の「真に人間の名に値する生命」ではなくなるのでしょうか。私は、多様なものとの付き合いを通して、またそういうものを自己の内に取り込むことを通して、「人間の名に値する」人間が形成されていくものだと考えています。ここでも一〇〇〇万を超す多様な種と付き合わねばならないのかは問題になりますが、原則として選り好みせず、すべてに対して開いているという姿勢こそが「真に人間の名に値する」人間の姿勢だと考えたいと思います。

生物多様性を減少させているのは、われわれの利己的な生き方です。でもそのやり方では「己」は永続しないし、「己」はうすっぺらになって「人間の名に値する」人間ではなくなってしまいます。これではさっぱり己を利していないでしょう。

だからといって、今のゴリゴリの利己主義の世の中で、公共のために私を犠牲にせよなどと言ってもはじまりません。「利己主義は大いに結構。でもその己とは何かを考え直して欲しい。このままでは日本も地球ももたない。己の子どもたちの暮らしもあやうくなる。次世代も環境も〈私〉だとみなす、時間的にも空間的にも広い利己主義にすれば、まわりとも未来ともつながった豊かな己を実現できる。そして〈私〉も社会も永続できる」と主張したいのです。

生物多様性は、〈私〉が永続するという、生物として最も基本となることを実現するために必要なものであり、かつ、〈私〉が豊かな生を生きるためにも真っ当な人間になるためにも必要なものなのです。だから生物多様性を守るべきなのだ——これが本書の結論です。

生物多様性の利用

生物多様性条約はその目的として以下の三つを挙げています。

①生物の多様性の保全
②その構成要素の持続可能な利用
③遺伝資源の利用から生ずる利益の公正かつ衡平な配分

目的の①は多様な生物たちを守ること、②・③はその生物たちの利用に関することですから、①と②・③とではかなり感じが違っています。ここには条約成立の経緯が反映しているのです（堂本暁子『生物多様性』）。この条約ができるにあたって、「生物多様性の保全」と「バイオテクノロジーの環境上適正な管理」の二つの流れがありました。前者にはNGOであるIUCN（国際自然保護連合）の活動が深く関わっており、これは生物多様性を守ろうという、いわば「善意」にあふれた活動です。

後者はもっとどろどろしたものです。堂本によれば、「会議室に入ってまず驚いたのは、南北対立のすさまじさである。開発途上国の側は机を叩いて言う。／『先進国は私たちのところから遺伝子資源をただでもっていっている。その結果、開発した薬などを高く売りつける。なのに何の経済的な還元もしない。保全、保全と言うけれども、そんなに環境保全を言うのであればそのための資金を出せ』と訴える。／先進国は環境保全を強調するが、途上国はまだ開発が大事なのだという主張である」。この南北対立は、生物多様性条約が成立して二〇年以上経った現在でも解消していません。

生物多様性の減少を生み出している原因は南の貧困と人口増加、北の資源の使いすぎです。貧困を非難することなどできませんし、産児制限をせよとは言いにくいことです。ですから文句をつけるとすれば南ではなく北に対してでしょう。なにせ北は世界の人口の二割しかいないのに、交易される原料の八割を使っているのです。南の生物多様性の減少と引き替えに作られている食物の多くは、南の人たちの口に入るものではありません。アマゾンで作られる牛肉の多くは輸出用で、ブラジルで一人が年間に食べる牛肉は、アメリカの飼い猫一匹の食べる量よりも少ないのだそうです。北に対して、もう少し贅沢するなと言わねばなりません（ただし南がこのような自分で食べるものを作らない農業を行っている背景には、土地が少数の地主に独占されているという問題があり、これが貧困を生む原因になっています。ここは大いに問題にすべきことですが、そうなったのには植民地支配の歴史も関係してきますから、やはり責めは北にありますね)。

本章において論じてきたことは目的①の多様性の保全に関することでした。②の資源の利用を持続可能なようにすることに関しては、続くことが生物にとって一番大切なのだという本書の主旨からいって、多様な生物たち自身にとっても良いことだし、次世代倫理から言っても望ましいことですから、文句のないところでしょう。

富の配分の問題

生物多様性条約の目的③は「利用から生ずる利益の公正かつ衡平な配分」。これはどうしたら正しく配分できるのかという正義の問題です(正義とは「その人にふさわしいものを与えること」)。利益を関係者おのおのに、ふさわしい分だけ与えることが③の部分であり、「公正かつ衡平」にせよと言うのですが、ここは説明が必要でしょう。「衡平」とは働きの貢献度に応じてバランス良くという意味です。「公正」の方は現代の正義論に大きな影響を与えているジョン・ロールズの格差原理に基づくものでしょう。もっとも不遇な立場にある人が有利になるように利益を配分しなさいというのが公正(フェア)の考え方です。大きな経済格差があるのだから、南の国に手厚く利益を分け与え、北のお金持ちはある程度我慢しなさいというのがここに公正という文言が盛り込まれた意図です。そしてここが北の国のなかなか首を縦に振りにくいところであり、具体的にはどうすれば公正になるのかで、いつも議論が紛糾します。このように生物多様性の利用とそれから得られる利益の配分は、南北問題という根深い国際政治のからんだ問題です。

生物多様性を守るというなら、それだけを問題にすればいいのに、なんで生物多様性条約は、生物の利用や利益の配分の問題までからめて議論を複雑にしているのかと思われるかもしれません。でも環境保全の問題は、それ単独で取り組んでも効果が上がらないのです。問題の生じてくる原因、すなわちその地域の経済の発展、生活の向上（西欧化）、人口問題などまで含めて考えなければ、解決はできないのです。自然と人間との関係を考えるのみではなく、貧富の差という人間と人間の関係を問題にしなければならないのであり、これは私のような一介の生物学者が何か言えるような問題ではありません。

でも、生物多様性に関して国レベルとして日本がやるべきことを一言いえば、南の国に金と人を出して、生物多様性を守ってもらうのが良いと思いますね。とくに人を積極的に出すべきです。これは南の国のためだけではなく、日本のためにもなるでしょう。多様な生物や多様な人々に接し、また電気も水道もない暮らしを経験した人が、帰国してわれわれのまわりに増えれば、日本人の考え方がじょじょに変わっていくのではないでしょうか。

どうすべきかと、どうあるべきか

生物多様性に関する講演を行うと、「生物多様性を守るにはどうすればよいのですか」と、とるべき行動についての質問が必ず出ます。それに対する答えが知りたくて本書を手に取られた方も多いのではないでしょうか。正直言って、具体的な答えを私は持ち合わせていません。なのになぜこんな本を書いたのかというと、どう行動すべきかを考えるには、その前に、どういう人間であるべきかが定まっていなければ、行動の方針すら立てられないと思ったからです。本章で論じてきたことは、私たちが生物多様性と向き合うべき姿勢です。「多様性を大切にする姿勢をまずしっかりと持って、その上でおのおのが置かれた状況に応じて、それなりの行動をとるように考えて下さい」というのが私の答えです。

誰もがやるべき行動としてお勧めするのは沖縄旅行。私は、生物多様性は守るべきだと信じており、それは沖縄の瀬底島の海にほぼ毎日、一年間潜り続けたことを通して体に染みついた確信です。それをどう論理にもっていくかに本章では四苦八苦したのですが、そんな屁理屈を読む前に、「まずサンゴ礁の海に潜りに行きなさい、西表島の森の中にじっとたたずんでごらんなさい」と言いたいですね。圧倒的な生物多様性との出会いをもてば、自然観も人生観も変わります。そしてまた、ウチナーンチュ（沖縄の人）の日本本土とはまた少し違った人情にふれ、かつ島の暮らしのつらさにもふれてみるべきです。やぶ蚊にもさんざん刺された方がいい、ハブとも遭遇した方がいい。そういう経験を出発点として、各自でどうすべきかを考えて欲しいのです。

今の生活は問題だらけ

われわれ日本人の、ライフスタイル・価値観・〈私〉観・人や自然に向き合う姿勢には根本的な問題があり、これをなんとかすれば、生物多様性の減少はおのずと止まります。私は生物多様性の問題をはじめ、すべての環境問題の根底には現代人の時間観があり、これを変えなければ環境問題の根本的解決はできないと思っています（『生物学的文明論』）。でも暮らし方も価値観も時間の見方も、そして〈私〉の見方も、われわれが自ら変えることはほぼ絶望的だと思っています。

東日本大震災で福島の人たちがあれだけ苦労していても、廃棄物は引き受けないと言うし、電力消費を減らそうとはせず、すぐに原発再稼働に向かっています。人間に対してもこうですから、生物に対しての配慮など期待できません。地球温暖化でサンゴ礁の白化が進んでいても、三・一一が起これはたちまち二酸化炭素削減目標二五パーセントは無視されてしまいました。経済成長やエアコンのある暮らしは、サンゴなどよりもずっと大切なのです。たとえ熱帯雨林の生物たちと引き替えであっても、また南の人たちの貧困と引き替えであったとしても、物がより安く大量に即座に手に入り、快適に暮らせればよいという価値観を変えないのが私たちです。生物多様性のためにお金を払ったり不便をかこったりと、積極的に身を切ることはしないものです。今のライフスタイルを、われわれが自らすすんで変えることは、まずないでしょう。でも今のような「罰当たりな」生活がずっと続けられるとは思えません。罰当たりの第一は、赤字国債をどんどん出して、次世代につけを回しながら今の世代だけがいい思いをしていること。こんな経済は早晩破綻します。罰当たりの二番目は、身の丈をはるかに超えた暮らしをしていること。

エコロジカル・フットプリント

身の丈の計り方に、「エコロジカル・フットプリント」という方法があります。われわれが再生可能な資源（生物により生み出される資源）をどれだけ消費しているかを、地球の再生能力（つまり生物生産力）と比べてみようという指数です。どうやってこの指数を計算するかというと、まず、或る地域の消費活動の規模を、それをまかなうのに必要な土地の面積に換算して一人あたりの値にします。そしてそれが世界の平均的な生物生産力をもつ土地の何倍かで表します。単位はgha／人（グローバルヘクタール／人）。必要な面積として数えるのは、農作物や紙のような物資を作るための面積（輸入物の生産に要する面積も含む）、住居や道路の面積、排出した二酸化炭素を吸収するための森林の面積、それに生物多様性を守るための面積として全体の一二パーセントも計上します。フットプリント（足跡）という命名は、暮らしのために踏みつけにしている地球表面の大きさという意味合いです。

日本人のエコロジカル・フットプリントは四・二gha／人。そして日本の国土の生物生産力は〇・六gha／人。土地の能力をはるかに超えた暮らしをしていることが分かります。そもそも日本の生物生産力は世界平均の半分ほどしかありません。だから本来なら他所様よりずっとちまちまと暮らさざるを得ないところです。ところがエコロジカル・フットプリントの世界平均値は二・七gha／人ですので、その倍近くの「豊かな」暮らしをしているのです。

そもそもこんな狭い国で一億二〇〇〇万人以上の人間が養えるのは、莫大な量を輸入しているからです。江戸時代、鎖国をして国内生産だけでまかなっていた時代の人口は今の四分の一程度だったのであり、そのあたりが適正人口なのでしょう。この人口なら、今の暮らしを半分だけつましいものにすれば、国土の生物生産力にみあい、持続可能になります。だから少子化は誠に目出度い傾向のはずですが、産業競争力が落ちるからといって、政府は少子化対策にやっきになっていますね。地球を踏みにじってでも右肩上がりの経済発展をしようというのがわれわれの選択です。

島の知恵

島というのはその中でやりくりをして生き延びていかなければならない場所であり、そこでなんとか持続可能な生活を営みながら、ちまちまとしていても、それなりに幸せに暮らしていく知恵を日本人は蓄えてきました。幕末に日本に来た外国人はみな、日本人は満足して幸福だという印象を受けたと、渡辺京二は『逝きし世の面影』で多くの引用をしながら述べています。たとえば「日本人はいろいろな欠点をもっているとはいえ、幸福で気さくな、不満のない国民であるように思われる」（オールコック『大君の都』）。もちろん江戸時代に戻ろうとは申しませんが、地球も今や資源の限られた島とみなさなければならない状況になってきたのですから、ここでこそ日本人が育んできた知恵・価値観の出番。世界はいざ知らず、日本は率先して右肩上がり信仰から脱却すべきだと思うのですが。

次世代に対しても罰当たり、地球に対しても罰当たりというこんな暮らしがいつまでも続けられるはずはありません。いずれ経済は破綻するでしょう。そうなればおのずから生物多様性も守られることになります。あまり考えたくないシナリオですが、いずれ来るべきものならば、地球が破綻する前に日本経済が破綻してくれた方が、生物多様性のみならずいろいろな方面へのダメージが少なくて済むと思っています。

これで本書を閉じることにします。なんとも歯切れの悪い終わり方ですが、そもそも科学は価値の問題を取り扱わないものであり、そこを「生物学は特別だ、生物には進化によって生じた価値があるからだ」という前提に立って、なんとか一歩、科学の範囲から踏み出そうとしたのが本書です。その一歩は、われわれはどうあるべきか（存在倫理）のところまで。その先、われわれはどうすべきか（当為倫理）は政治のからむ課題であり、生物学に足場を置くことを大前提としている本書の範囲外とさせていただきました。ご容赦下さい。

おわりに

本書は生物多様性条約第10回締約国会議が名古屋で開かれた時期に、生物多様性の大切さを市民向けにお話しした講演原稿が元になっています。この時期には生物多様性関係のテレビにもいくつか出演したのですが、その一つにNHKの「いきものピンチ！ SOS生物多様性」という長時間特別番組がありました。生物多様性のプロに混じっての出演です。そんな方々とは違うことを話すとすれば、本書で展開した、そもそも「生物とは何か」や「私とはなんだろうか」という話題になりますが、そんな七面倒くさいことをえんえんと喋らせてくれるほど、テレビは悠長ではありません。困り果てたあげく、生物多様性が大切だという曲を作って持って行きました。

その曲、「♪生物多様性おかげ音頭」を最後に載せておきましょう。この歌の1番は、種の多様性が提供してくれる供給サービスと文化的サービスを歌っています。2番は遺伝子の多様性が役に立つということと、その利用を公平にしようということ。そして3番が最も私が言いたかった部分で、生物多様性を大切にするとは、自分自身の問題なのだと歌っています。

わざわざ特注の「ナマコ命」と染め抜いた舞台衣装をご用意いただき、ゴールデンアワーに歌う機会をお与え下さったＮＨＫのディレクター諸氏、講演会に呼んで下さった方々、そして中央公論新社新書編集部の藤吉亮平氏に感謝いたします。

本川達雄

二〇一四年十二月二十四日

生物多様性おかげ音頭

作詞作曲：本川達雄

♪生物多様性おかげ音頭

ハアー　米麦たべもの　たてもの檜
絹なら着物で　青黴くすり
飼えば可愛い　犬　猫　小鳥
心をなごます　四季の花　ソレ
多様な生物　多様な生命（いのち）に
毎日毎日　お世話になってます

ハアー　探せば見つかる　役立つ生物
品種改良にゃ　野生種　大切
多様な遺伝子　地球の宝
守って使おう　公平に　ソレ
多様な生物　多様な生命に
この先いつまでも　お世話になりますね

ハアー　多様な生物　住んでる方が
安定してるぞ　生態系は
私の生きてる生態系が
なくなりゃ私も生きてはいけぬ　ソレ
多様な生物　大事にするとは
わたし自身を　大切にすること

本川達雄（もとかわ・たつお）

1948年宮城県生まれ．東京大学理学部卒業．同大学助手，琉球大学助教授，デューク大学客員助教授を経て，1991年より東京工業大学理学部教授．2014年3月に退職．専門は動物生理学．

著書『ゾウの時間 ネズミの時間』（中公新書，1992年）
『サンゴとサンゴ礁のはなし』（中公新書，2008年）
『世界平和はナマコとともに』（CCC メディアハウス，2009年）
『生物学的文明論』（新潮新書，2011年）
『「長生き」が地球を滅ぼす』（文芸社文庫，2012年）
『おまけの人生』（文芸社文庫，2014年）
ほか多数．

生物多様性
中公新書 *2305*

2015年2月25日初版
2015年8月25日再版

著　者　本川達雄
発行者　大橋善光

本文印刷　三晃印刷
カバー印刷　大熊整美堂
製　　本　小泉製本

発行所　中央公論新社
〒100-8152
東京都千代田区大手町 1-7-1
電話　販売 03-5299-1730
　　　編集 03-5299-1830
URL http://www.chuko.co.jp/

Published by CHUOKORON-SHINSHA，INC.
Printed in Japan　ISBN978-4-12-102305-6 C1245

中公新書刊行のことば

いまからちょうど五世紀まえ、グーテンベルクが近代印刷術を発明したとき、書物の大量生産は潜在的可能性を獲得し、いまからちょうど一世紀まえ、世界のおもな文明国で義務教育制度が採用されたとき、書物の大量需要の潜在性が形成された。この二つの潜在性がはげしく現実化したのが現代である。

いまや、書物によって視野を拡大し、変りゆく世界に豊かに対応しようとする強い要求を私たちは抑えることができない。この要求にこたえる義務を、今日の書物は背負っている。だが、その義務は、たんに専門的知識の通俗化をはかることによって果たされるものでもなく、通俗的好奇心にうったえて、いたずらに発行部数の巨大さを誇ることによって果たされるものでもない。現代を真摯に生きようとする読者に、真に知るに価いする知識だけを選びだして提供すること、これが中公新書の最大の目標である。

私たちは、知識として錯覚しているものによってしばしば動かされ、裏切られる。私たちは、作為によってあたえられた知識のうえに生きることがあまりに多く、ゆるぎない事実を通して思索することがあまりにすくない。中公新書が、その一貫した特色として自らに課すものは、この事実のみの持つ無条件の説得力を発揮させることである。現代にあらたな意味を投げかけるべく待機している過去の歴史的事実もまた、中公新書によって数多く発掘されるであろう。

中公新書は、現代を自らの眼で見つめようとする、逞しい知的な読者の活力となることを欲している。

一九六二年一一月

環境・福祉

r 1

348 水と緑と土(改版)　富山和子

1156 日本の米―環境と文化はかく作られた　富山和子

1752 自然再生　鷲谷いづみ

2120 気候変動とエネルギー問題　深井有

1648 入門 環境経済学　日引聡・有村俊秀

2115 グリーン・エコノミー　吉田文和

1743 循環型社会　吉田文和

1646 人口減少社会の設計　松谷明彦・藤正巖

1498 痴呆性高齢者ケア　小宮英美

自然・生物

s1